# 川西林盘景观的生态智慧研究

宗 桦 陈学宏 编著

中国建筑工业出版社

**图书在版编目（CIP）数据**

川西林盘景观的生态智慧研究 / 宗桦，陈学宏编著
. —北京：中国建筑工业出版社，2023.3
ISBN 978-7-112-28286-9

Ⅰ.①川… Ⅱ.①宗…②陈… Ⅲ.①农村住宅—景
观设计—研究—四川 Ⅳ.①TU241.4

中国版本图书馆CIP数据核字（2022）第244029号

责任编辑：杜 洁 张 杭
书籍设计：锋尚设计
责任校对：李辰馨

川西林盘景观的生态智慧研究
宗 桦 陈学宏 编著
\*
中国建筑工业出版社出版、发行（北京海淀三里河路9号）
各地新华书店、建筑书店经销
北京锋尚制版有限公司制版
建工社（河北）印刷有限公司印刷
\*
开本：787毫米×1092毫米 1/16 印张：10¼ 字数：194千字
2023年5月第一版 2023年5月第一次印刷
定价：**42.00**元
ISBN 978-7-112-28286-9
（40746）

乡村是现代农业和粮食安全的主战场，也是生态涵养和生物多样性保护的主阵地。同时，实现共同富裕的重点和难点也在乡村。因此，推进乡村绿色发展，是实施乡村振兴战略的重要推动力，也是实现乡村振兴的现实需要。良好的生态环境是乡村最大的优势和最宝贵的财富，要坚持人与自然和谐共生，走乡村绿色发展之路，让良好生态成为乡村振兴支撑点。

在四川地区，川西林盘（简称林盘）是集生态、生产、生活、景观、文化于一体的川西乡村聚落，既是成都平原上独树一帜的自然地域景观，又是川西田园风光的代名词，反映了川西乡村的景观风貌和历史变迁。由于林盘中植物所占面积超过70%，所以林盘的植物景观参与调节了当地的生态平衡，植被自给自足、无须管理的特征也反映出其具有显著的资源节约能力。但由于林盘是一种地域性景观，业界对其保护意识觉醒较晚，对其生态功能的研究也才刚刚起步。2018年乡村振兴战略规划的提出，让业界深刻认识到记录、保存和修复林盘景观时不我待，对林盘开展生态研究刻不容缓。

针对乡村绿色发展的生态需求，本书以林盘为研究对象，开展以下4个方面的研究：①不同植被布局的4种林盘类型（居中型、围绕型、单侧型和零散型）对其内部微气候的四季调适功能；②不同尺度的林盘对其周边环境微气候的辐射影响效果，评价林盘景观对乡村气候的调节作用；③典型林盘乔木对雨水的再分配规律，以及林木类型和降雨因子对林内降雨、树干茎流和冠层截留的影响，探索出节水型最佳林种的选择模式；④林盘典型乔木层凋落物的蓄积量及其分布特征，定量分析凋落物与表层土壤理化性质的关联，明晰林地凋落物的雨水再分配规律及其对土壤的改良功效，评价川西林盘内植被的水土保持效应。

本书是在国家自然科学基金面上项目（31971716）、青年科学基金项目（51308464）和四川省科技厅软科学项目（2020JDR0036）等研究成果的基础上整理而成。在本书写作的过程中，课题组成员陈菡、陈学宏、濮德华、刘美伶、王倩、张莲和尹睿通力合作，进行了大规模、长时间的数据采集工作。考虑到全书的系统与科学性，本书亦参阅了大量文献，也借此机会向这些文献的作者表示真诚的感谢！本书也获得了西南交通大学研究生专著经费建设项目的专项资助（项目编号为SWJTU-ZZ2022028），中国建筑工业出版社的多位编辑为本书出版付出了认真细致和辛勤的劳动，在此一并表达由衷的谢意！

　　由于作者知识水平、能力有限，书中难免有不妥之处，敬请读者不吝赐教！

宗　桦

2022年8月于成都

前言

第3章

# 川西林盘对周边环境微气候的辐射影响

## 第6章
## 传统林盘的生态价值对美丽乡村建设的启示

## 第 1 章

# 绪论

# 1.1 川西林盘的定义及现状

　　川西林盘（简称林盘）发源于古蜀文明时期，成形于漫长的移民史时期，是川西农耕文化的精髓，反映了川西乡村的景观风貌和历史变迁。林盘传承至今，已然成为川西平原上独树一帜的自然地域景观，是川西田园风光的代名词。林盘是由田园、林木、宅院、水系等形态要素融合形成的田间"盘状"聚居点，是集生态、生产、生活、景观、文化于一体的川西平原典型的人居环境乡村聚落（图1-1）。在林盘漫长的发展过程中，自然的演变和人类的活动使林盘结构和功能趋于完善，逐步形成一个稳定的系统。林盘不仅是保持当地生态良性循环的重要因素，更是营造四川地域景观的灵感之源。根据2014年的统计，成都平原有超过12.1万个林盘，总面积达到54185.37hm²（图1-2）。林盘中的人口约为363万人，占成都平原农村总人口的77.09%。林盘密度为15个/km²。其中，具有10户以上家庭的大中型林盘共计1.06万个。

图1-1　林盘外部形态

图1-2　林盘航拍图（来源于网络）

林盘的分布从中心城区到外围呈三圈层，平原型林盘占大多数，为全市林盘总数的85.83%，远多于丘陵型林盘。但随着城市化和城乡一体化进程的加快，川西林盘聚落景观正在逐步衰落。成都市提出集约利用土地的新农村建设"三集中"原则，必然要影响林盘分散的格局风貌和林盘的数量；新农村建设如火如荼，大量林盘居民流失，使得林盘成为"空壳"，传统的林盘生活方式受到冲击；城市不断向农村扩张，占用土地，摧毁林盘，与此相伴的还有农村产业结构的调整。以郫都区为例，其林盘数量由1991年的2.1万余个，锐减至2006年的1.1万余个，再减少至2018年的8700余个。面对林盘衰落的问题，成都市在全市统筹发展示范线和新农村建设示范片区，依托土地综合整治项目，组织开展林盘的整治试点，此时，林盘的保护才逐步受到重视，其生态价值和园林价值才开始真正引发关注。然而，始料未及的"5·12"汶川地震却再次让林盘遭受了重创。震后，四川提出要将川西林盘特色运用到聚居点灾后重建规划中去，但令人遗憾的是，多年被束之高阁的状态和突如其来的自然灾害令有价值的林盘资料屈指可数。乡村振兴战略的提出让我们深刻认识到记录、抢救和保存传统川西村落遗迹时不我待，开展林盘研究刻不容缓。因此，四川省从2018年起实施"川西林盘保护修复"和"大地景观再造"两个乡村振兴重点工程，要求在2022年前完成首批1000个林盘的保护修复，在此基础上推动特色镇建设，重现天府之国"岷江水润、茂林修竹、美田弥望、蜀风雅韵"的乡村景色。

## 1.2　川西林盘的研究历程与发展趋势

### 1.2.1　林盘的研究历程

由于林盘是四川地区独有的乡村聚落景观，因此在全国范围内开展的研究不多。另外学术界对其认知较晚，系统性的研究始于2006年之后（图1-3、图1-4）。截至2022年

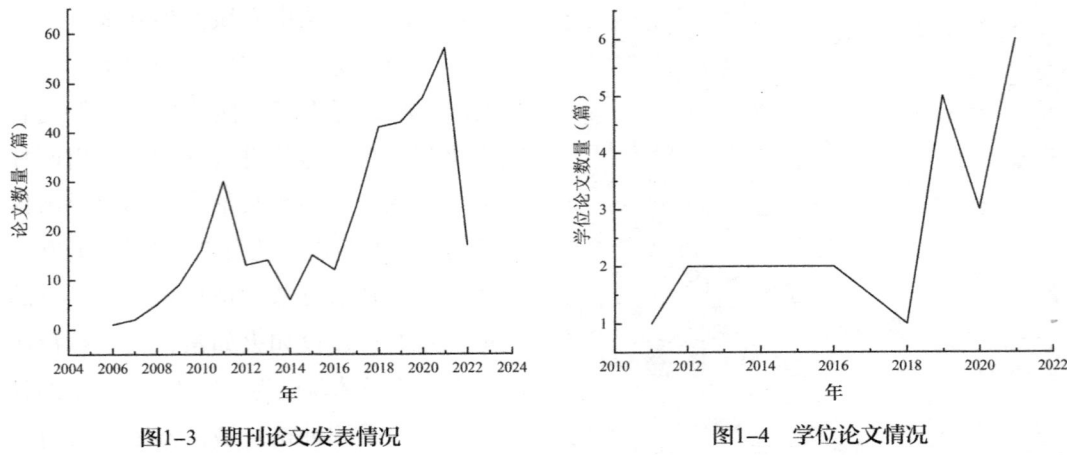

图1-3　期刊论文发表情况　　　　　　　图1-4　学位论文情况

5月，能检索到的有关林盘的中文论文352篇，硕博学位论文22篇，专著仅2本，成果并不丰硕。

现有成果主要涉及5个方面。一是研究林盘的植物群落结构和演替。如孙大江、罗奕爽等调研了林盘植物景观的群落类型和群落结构。刘勤等运用无人机航拍技术揭示了林盘植物种类发展变化的机制。罗奕爽等以视角独特分析了城市化进程对林盘植物群落发展的影响。二是研究传统林盘聚落的空间构成。如郭滢蔓，高波等分别从社会学、乡村地理学及人类聚居学的角度探讨了林盘公共空间的组成、布局、演变与重构。周媛等则从景观生态学的角度分析了林盘空间的异质性、破碎化程度和空间形态特征的变化。三是研究传统林盘的社会文化和美学价值。如方志戎等详尽地从生活、生产、生态和景观的多重视角指出，林盘文化的形成和发展实质是"土著"文化与多方移民文化交流、融汇的结晶。徐萌等指出公共空间是林盘记忆的承载体，宗教文化在林盘中多元并存而兼容开放。冯琳等则另辟蹊径，采用层次分析法对林盘文化价值开展了定量评价。付怡和王玮饶有新意地探索了林盘声景观与色彩的沿袭、传承与活化。四是研究传统林盘衰亡的原因，以及对其进行保护与开发的策略。这部分内容是林盘研究成果中最丰硕的部分。如杨晓艺指出林盘内部功能的欠缺、居住者生活方式的改变是林盘衰败的主要原因。陈明坤从人居环境学角度分析了城市化对传统林盘产生破坏的表象和机理。李帆萍和樊砚之等分别从传统农耕文化、外部环境、景观资源和生态学角度提出了对林盘的保护和设计策略。此外，林盘的特色元素对灾后重建的启示也是研究的重要内容。如王璐等通过分析了解灾后居民的生活需求，心理需要和人的思维、精神文化的转变，总结灾后重建林盘的经验。五是研究传统林盘的生态价值。此类研究起步晚，成果最为稀缺。如董文英等从选址布局、建筑材料和自然通风等方面分析了林盘建筑的生态经验。万会兰等用计算流体力技术（computational fluid dynamics，CFD）技术模拟了林盘内部风速及温度的空间扩散分析图。宗桦等实测了传统林盘四季微气候特征，提炼出改善林盘微气候的植物景观营造手法。

此外，这里必须要提到两本出色的专著。陈其兵团队在《川西林盘景观资源保护与发展模式研究》一书中通过大量的实景照片和详实的调研，全面系统地分析了林盘的演变、类型、景观特色、价值和保护与发展对策。方志戎则从文化的角度，深入挖掘林盘文化的乡土特色与人文价值。另外，还有零星其他方面的研究。舒波的博士论文《成都平原的农业景观研究》，将农村社会学、景观生态学、文化学、景观美学和现象学等相关理论综合应用于林盘景观研究中，剖析成都平原农业景观的价值，视角新颖，分析透彻，极有学术价值。

令人欣慰的是近期关于林盘的研究成果开始在国际领域崭露头角，并引起了国外学者的广泛关注。如ZONG在国际风景园林教育大会（CELA）中针对林盘的冬季微气候变化特征作了报告，并收录于*Landscape Rresearch Record*。华盛顿大学的Tippins调研并比较了郫都区境内3个传统林盘的景观异质性、规模和生物多样性。

### 1.2.2 未来研究的发展趋势

在乡村振兴战略的推动下，林盘植物景观的生态价值将会受到更广泛的关注。目前林盘的生态研究处于刚起步阶段，缺乏水文、土壤、碳/氮循环、能量转换和生物多样性等多角度的深度挖掘。已有的研究成果多以静态特征或定性描述为主，缺乏持续性的科学观测和定量研究，这就导致对林盘景观的生态解读流于表面，使得相关研究对生态宜居的美丽乡村建设的指导意义不足。

## 1.3 川西林盘的具体特征

### 1.3.1 林盘的圈层分布特征

成都市经济社会由中心城区向郊区呈现圈层式发展特性，分为3个圈层（表1–1）。第一圈层为中心城区，包括锦江区、青羊区、金牛区、武侯区、成华区以及高新区，由于中心城区内建设用地的不断扩张，第一圈层内的林盘已基本消失。第二圈层为围绕主城区的龙泉驿区、郫都区、温江区、双流区、新都区、青白江区6个区，林盘数量较多，占全市林盘总数的39.48%，由于受到中心城区发展的冲击，以及第二、三产业迅速发展的影响，大量林盘正面临加速消失的局面。第三圈层为市域外围包括大邑县、新津区、金堂县、蒲江县、都江堰市、彭州市、崇州市、邛崃市8个区（市）县，该圈层内的林盘受到中心城区的辐射影响较小，保存较为完好，数量众多，占全市林盘总数的60.52%。

表1-1　成都市第二、第三圈层林盘现状分布情况汇总表

| 区（市）县 | 农村人口 | 农村户数 | 辖区面积 | 现状林盘总数 | 林盘密度 |
|---|---|---|---|---|---|
| 龙泉驿区 | 34.32 | 10.63 | 558 | 7800 | 19 |
| 郫都区 | 34.04 | 10.78 | 438 | 8700 | 22 |
| 温江区 | 17.82 | 5.26 | 277 | 6621 | 30 |
| 双流区 | 31.21 | 8.81 | 1067 | 9833 | 18 |
| 新都区 | 45.54 | 13.62 | 481 | 13730 | 34 |
| 青白江区 | 28.06 | 8.1 | 392 | 9008 | 28 |
| 大邑县 | 26.45 | 7.43 | 1327 | 11281 | 17 |
| 新津区 | 16.33 | 4.88 | 330 | 2986 | 13 |
| 金堂县 | 64.63 | 26.43 | 1156 | 19620 | 18 |
| 蒲江县 | 19.14 | 4.13 | 583 | 2492 | 5 |
| 都江堰市 | 31.89 | 9.57 | 1208 | 11724 | 13 |
| 彭州市 | 60.42 | 18.49 | 1420 | 23000 | 17 |
| 崇州市 | 54.82 | 16.62 | 1090 | 8086 | 8 |
| 邛崃市 | 48.7 | 14.6 | 1381 | 6175 | 5 |
| 合计 | 513.37 | 159.35 | 11711 | 141056 | 15 |

## 1.3.2　林盘的形态特征

构成林盘物质空间的基本元素主要包括处于核心位置的宅院，中层的林地、水系和外围的田地，根据实地调研及文献资料，将其形态特征归纳如下：

### 1. 宅院

宅院是林盘构成的主体，决定着林盘的大小规模与兴盛。林盘住户多以宗族聚居，以大姓对林盘进行命名，如刘家院子、白家林、何家碾等。内部住户多为小家庭单门独

院，通常少则一两户、多则几十甚至上百户形成一个林盘单元。林盘中的宅院布局形式较以灵活自由，它们都是农户的自建房，因此规模和布局形式等常常由农户自身的需求、财力和用地条件等决定。但在长期的发展演化过程中，建筑的布局形式主要分为"一"字形、"L"字形、"凹"字形和四合院4种基本形式，并在建筑中留出一定空间形成开敞或半开敞院落活动空间（图1-5）。

在建筑风格上，传统的林盘建筑造型轻盈，多采用木穿斗结构，形式为斜坡顶、长出檐。同时就地取材，因地制宜，采用砖墙、土墙、木墙等作墙体，小青瓦、谷草等作屋顶，色彩朴素淡雅，与环境协调统一。随着经济和技术的发展，以木结构为主的川西民居逐渐被钢筋混凝土和砖混结构现代平顶楼房所替代。相较于传统林盘，现代林盘在保温、稳固、防风、采光等方面较好，整体风格较为现代，但也缺少川西民居固有的传统风貌。另外，林盘的建筑层数一般在3层以内，通常不超过宅院外林地乔木的高度，使得建筑群体与周边环境植被协调而不突兀、软硬互补、虚实相映（图1-6）。同时林盘多采用砖墙或者使用竹篱为主的植物作为围墙，进行内外空间分隔。

图1-5　林盘建筑布局形式
（来源于中国国家地理网）

图1-6　现代林盘建筑风格

## 2. 林地

林盘聚落周边及内部的植物是构成林盘的重要因素，所占比例约为整个林盘面积的43.5%～76.9%。通常居民根据自身居住生活和生产的需求进行植物栽植，植物受人为因素影响明显。林盘内的植被以可利用的竹类、花果类和木质较好的乔木为主，与灌木、草本等组成多种群落结构，包括单一树种构成的纯林式林地与两种或以上树种构成的混交式林地，垂直结构有"乔木"等构成的单层结构与"乔木+草本""乔木+灌木""乔木+灌木+草本"等构成的复层结构，其中以"乔木+草本"复层结构为主。林地在林盘中的分布，呈现出"外紧内松"的特征，在林盘内部林地主要分布于宅基地附近、房前屋后、组团式建筑之间的过渡地段，种植方式有片植、带植、孤植等，而在林盘外多以紧密种植的高大乔木与竹林形成围合，体现出林盘的内聚力与向心性，同时给予居民场所感与安全感，为居民创造出一个宁静优美的居住环境。林盘植物种类丰富，且多为当地乡土植物，如水杉、银杏、刺槐、枇杷、毛竹、慈竹等，常见植被见表1-2。林地不仅为川西林盘创造具有特色的景观效果，作为绿化屏障，还发挥着丰富的生态效应。为林盘居民营造自然、优美、安全舒适的居住环境。

表1-2　川西林盘常见植被类型

| 植被类型 | | 植被种类 |
| --- | --- | --- |
| 乔木 | 常绿 | 罗汉松（*Podocarpus macrophyllus*）、雪松（*Cedrus deodara*）、天竺桂（*Cinnamomum japonicum*）、香樟（*Cinnamomum camphora*）、乐昌含笑（*Michelia chapensis*）、桉树（*Eucalyptus robusta*）、柚子（*Citrus maxima*）、枇杷（*Eriobotrya japonica*）、桂花（*Osmanthus* sp.）、山茶（*Camellia japonica*）等 |
| | 落叶 | 水杉（*Metasequoia glyptostroboides*）、梧桐（*Firmiana platanifolia*）、枫杨（*Pterocarya stenoptera*）、朴树（*Celtis sinensis*）、喜树（*Camptotheca acuminata*）、银杏（*Ginkgo biloba*）、柳树（*Salix babylonica*）、构树（*Broussonetia papyrifera*）、杨树（*Populus*）、玉兰（*Magnolia denudata*）、黄葛树（*Ficus virens*）、柑橘（*Citrus reticulata*）、鸡爪槭（*Acer palmatum*）、桃树（*Amygdalus persica*）等 |
| 灌木 | 常绿 | 杜鹃（*Rhododendron simsii*）、红花檵木（*Loropetalum chinense*）、小叶女贞（*Ligustrum quihoui*）、南天竺（*Nandina domestica*）、八角金盘（*Fatsia japonica*）、栀子（*Gardenia jasminoides*）、月季（*Rosa chinensis*）等 |
| | 落叶 | 棣棠（*Kerria japonica*）、贴梗海棠（*Chaenomeles speciosa*）、迎春（*Jasminum nudiflorum*） |
| 草本 | | 狗尾草（*Cynodon dactylon*）、鸢尾（*Iris tectorum*）、狗牙根（*Cynodon dactylon*）、空心莲子草（*Alternanthera philoxeroides*） |
| 竹类 | | 慈竹（*Neosinocalamus affinis*）、斑竹（*Phyllostachys bambussoides*）、苦竹（*Pleioblastus amarus*）、毛竹（*Phyllostachys edulis*）、刚竹（*Phyllostachys sulphurea*）、紫竹（*Phyllostachys nigra*）、孝顺竹（*Bambusa multiplex*） |

### 3. 道路和水系

林盘的道路互相交织，满足林盘对内对外的通行与交流需求，成为联系林盘之间、农户之间、农户与农田之间的纽带。如今，林盘的外部道路宽度在4~6m，路面材质以柏油、水泥为主，满足汽车、农用车的通行需求。林盘内部错综复杂的小路使路幅较窄，等级不明显，路面材质多样，有砖、水泥、碎石、泥土等，主要满足三轮车、人行的需求。常见的林盘路网结构有尽端式和贯通式两种，尽端式路网结构只有一个对外出入口，多见于中小型林盘；贯通式路网结构有两个对外的出入口，多见于大型林盘。

林盘因水而生，林盘水系主要包括灌渠、溪沟、堰塘、池沼、水井和排水沟等，主要分布于道路旁与林盘周围。成都平原得益于都江堰灌溉系统，林盘灌渠系统发达，灌溉水系主要分为干渠、支渠、斗渠、毛渠等，渠宽一般从几十厘米到二三米不等，较大水系则形成了池塘或者溪流（图1-7）。居民在灌渠、溪流中取水灌溉农田、洗菜、养鱼、放鸭等，满足生产、生活用水需求。林盘内大部分水渠硬化，基本上都呈现三面光的形式，但仍存在部分土渠用于农业生产的灌溉。

图1-7　川西林盘水系

### 4．农田

林盘是农耕文明的产物，农业生产是林盘居民经济主要来源，因此农田是林盘形态中不能缺少的一部分。农田作为林盘最外围的景观，是林盘聚落的空间本底，可以将一个林盘与另一个林盘进行连接。农田上阡陌交织，遍布着道路和水系，自然地将农田划分成多个大小不一、形状不规则的四边形。川西气候温和，农田土地肥沃，农作物种类丰富。农民在不同季节种植不同类型的农作物，主要包括小麦、水稻、韭菜、油菜等。各季节成熟的农作物形成了色彩丰富、多样变化的田园自然景观，赋予川西林盘独特的田园魅力（图1-8）。

图1-8 林盘和农田的关系（来源网络）

### 1.3.3 林盘的类型

#### 1. 按林盘规划分类

成都市编制的林盘保护规划通过对林盘资源的梳理，结合各林盘历史人文、生态条件、农业发展、旅游发展的价值特色，将现有林盘规划为特色产业型、旅游型、生态型、农业型4大类型进行分类保护与发展。

（1）特色产业型林盘

该类型林盘依托良好的生态环境和优美的山水田园景观，通过资源置换，拓展林盘经济，结合本土特色文化、产业，通过改造和新建，植入休闲、观光、商务、会议、博览、度假、双创、社团组织等现代复合功能业态，构建旅游型、商务型、文创型、博览型、社团型等现代特色林盘。

（2）旅游型林盘

该类型林盘位于都市近郊，依托农业园区、景区等原有良好的资源条件，引进农家乐等餐饮住宿旅游活动，发展乡村第三产业，调整产业结构，通过对林盘的保护性更新建设既可以满足原住民生产生活需求，又可以为城市居民提供观光休闲的旅游场所。

（3）生态型林盘

该类型林盘位于主要河道、交通干线及市政廊道等两侧空间管控区范围内，不以居住为目的，而作为良好的生态基底，保护与培育林盘乡土植被，延续川西林盘的生态、美学价值，充分发挥林盘的生态效益。在保护生态的同时，也可利用生态林地进行适当的景观及设施改造，为人们休闲度假提供一定场所。

（4）农业型林盘

该类型林盘位于现代农业主要生产区或离城市及城镇较远的区域，以田园耕种、经济林木种植等农业生产为主，充分保护林盘中极具特色的传统川西民居型建筑，大面积的农田、沟渠，林地与建筑互相掩映，形成川西平原特色田园风光，承载川西平原农耕文化乡愁记忆。

### 2. 按布局方式分类

川西林盘依托河流沟渠、道路、农田呈组团式布局，也可按照其布局方式划分为临田、临水和临路林盘3种类型。

（1）临田型林盘

该类型林盘属于传统农耕型林盘，农民住在农田周边，便于农民耕种。房屋、植被和广阔的农田相协调，形成自然美丽的田园风光，生态环境较好（图1-9）。

（2）临水型林盘

该类型林盘的水系从林盘中或林盘周边穿过，形成由水系、农田等组成的湿地圈层，房屋一般由水系向两边延伸布局（图1-10）。

（3）临路型林盘

该类型林盘主要沿县道、乡道、村道等两侧布局，交通便利，可达性强（图1-11）。

### 3. 按林宅结构分类

本书依据林盘最重要的两个元素（庭院和植物群落）的布局，对林盘类型进行了新的划分。其中，骨干乔木在林盘植物群落的生态、景观和使用功能上的优势地位明显，故本书从骨干乔木的布局方式入手，通过对大量林盘样本的实地调研，将林盘林宅结构大致划

图1-9 临田型林盘示意图

图1-10 临水型林盘示意图

图1-11 临路型林盘示意图

分为乔木围绕型、乔木居中型、乔木零散型和乔木单边型4种形式。

（1）乔木围绕分布型林盘

简称围绕型林盘，是指林盘中的骨干乔木集中分布在林盘斑块周边，院落集中在内部区域的类型（图1-12）。这种林盘的住户往往比较少，林盘服务于中心的住户，营造出舒适而又极具私密性的居住空间。

图1-12 围绕型林盘平面

（2）乔木居中分布型林盘

简称居中型林盘，是指林盘中的骨干乔木大部分集中在林盘斑块中间，而建筑群则环绕分布在林盘斑块周边（图1-13）。通常这种林盘中的住户较多，林下空间成为连接各家各户的通道和公共的活动空间，植物群落为林盘中的住户人家提供树荫和新鲜空气。

（3）乔木零散分布型林盘

简称零散型林盘，这种林盘的骨干乔木与建筑院落彼此交错，你中有我，我中

图1-13 居中型林盘平面

有你（图1-14）。在这种林盘中，植物群落空间与建筑用地没有明显的分界，两种元素相互穿插，共同构成多元的活动空间。

（4）乔木单边分布型林盘

简称单边型林盘，这种林盘的骨干乔木集中分布在林盘斑块的一侧，与建筑分界明显，常常呈现出一上一下或者一左一右的平面布局（图1-15）。在这种林盘中，植物群落空间作为林盘住宅的后花园的形式存在。

图1-14 零散型林盘平面

图1-15 单边型林盘平面

综合以上四种形式的林盘林宅结构特征，提炼绘制出具有代表性的各类林盘的平面和立面图（表1-3）。

表1-3 四类林盘的平面及立面示意

| 类别 | 平面示意图 | 立面示意图 |
| --- | --- | --- |
| 围绕型林盘 | | |

续表

| 类别 | 平面示意图 | 立面示意图 |
|------|-----------|-----------|
| 居中型林盘 | | |
| 零散型林盘 | | |
| 单边型林盘 | | |

### 1.3.4 林盘的肌理特征

随着林盘新兴产业的开发，传统的林盘肌理发生改变，严重的甚至被破坏，现归纳出以下几种林盘肌理特征（图1-16）。

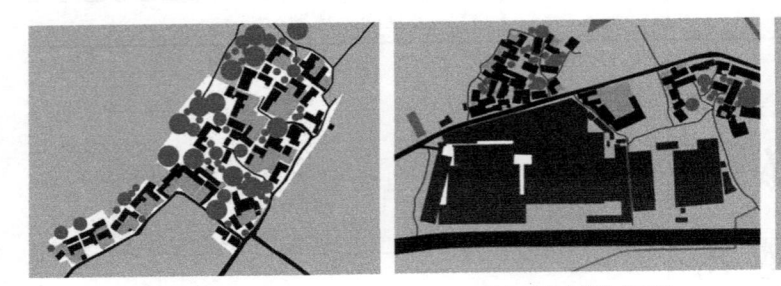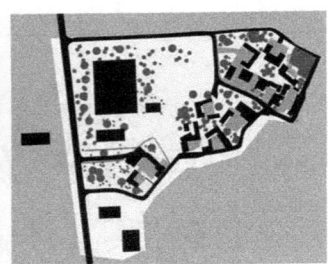

（a）传统林盘肌理　　　　　　（b）适度改善林盘肌理　　　　　　（c）被破坏的林盘肌理

图1-16　3种不同的林盘肌理

### 1. 传统的林盘肌理

传统的川西林盘肌理，即宅院—林木—田地，保持着这样一个空间层次体系，其色彩层次由宅院（灰白）—林木（深绿）—田地（黄绿）构成。林盘通过林木向外部环境过渡，也经林木进入林盘内。林盘内部的道路交通往往依地势、水系分散布置，并串联起各个建筑和林盘内部空间，赋予林盘整体性。

### 2. 新兴业态适度改善的林盘肌理

主要是指部分或已全面开发的旅游型林盘。在保持原有肌理的基础上进行了道路硬化、建筑修缮。这类林盘的传统肌理保存情况较好，但人为的改建不可避免地改变了部分肌理要素，如建筑外立面等。

### 3. 被其他业态破坏的林盘肌理

新进驻林盘的工厂、仓库等建筑，由于其体量、结构、色彩与周围建筑差异明显，对林盘的空间层次体系和色彩层次的整体性造成了破坏。此类林盘的肌理已经发生了变化。

## 1.3.5 研究范围的确定

### 1. 选点范围的确定

本书选取成都市第二圈层新都区和郫都区内的部分林盘开展相关研究，主要出于以下考虑。

（1）成都市域内的林盘作为川西林盘的典型代表，不仅具有川西林盘的基本特征，也具有成都区域的特殊性。同时成都市作为四川西部乃至全川新农村发展建设最快的地区，也是乡村建设问题暴露最为彻底的地区，研究成都市的林盘，既有较多的经验可总结，也有自身内在的规律可遵循，同时还能为其他地区的发展提供参考。

（2）位于第一圈层的中心城区已完全城市化，已无林盘的存在。而位于第二、三圈层的林盘发育完善，特征明显，延续至今，具有很强的代表性，并且因远离市中心而受到较小的城市化冲击，林盘的完整性和原真性较好，仍具有很强的研究价值。位于郫都区和新都区的原始林盘数量较多，个体较为完整，原生性好，研究价值高。环境基本统一（植被层均以竹类为主，同时搭配几种乔木，类型相似）且交通便利，方便实地调研及数据资料的收集整理工作。

（3）近年来，郫都区和新都区均迎来了开发浪潮，区域内的传统林盘受到了城市化进程的冲击数量锐减，本书可为本区域内林盘的保护、开发和研究提供一手资料。

因此，第2章样地选址在新都区（30.52°N，103.59°E）。新都建治于春秋末期，是"古蜀三都"之一，西汉置新都县，已有近2800年历史。新都区是四川省级历史文化名城，是成德绵经济带的重要节点，地处成都城市发展北中轴线上。新繁镇位于新都区西北部，经济发达，区域内的林盘受城市化影响较大，亟须研究后加以保护。新繁林盘分布集中，林盘边界明显且大小较均匀，面积基本在2000~8000m²，住户一般为2~7户不等。

第3、第4和第5章样地选址在郫都区。郫都区是古蜀文明的发祥地，辖区面积为437.5km²，位于成都市西北近郊，东至金牛区，西连都江堰，北与彭州市和新都区接壤，南与温江区毗邻。郫都区处都江堰自流灌区之首，是都江堰水利灌溉系统的核心区，是林盘发展较为成熟的区域。近年来，郫都区是成都发展最快的卫星城，兼具农村的传统与快速城镇化的特点，大力发展农家乐旅游。在新农村建设中，林盘变化快，有部分林盘消失或被破坏，对于林盘体现的价值保护还有待加强。郫都区林盘是川西林盘目前保存较为完好的区域，林盘总数约为8000个，以小型林盘为主，占到川西林盘总数的70%，平均密度约为14个/km²。林盘主要分布在西北部，呈"北密南疏"。由于受城市化影响较大，林盘破坏严重，数量较少。

位于郫都区西北部的三道堰镇（30.8°N，103.9°E）是"四川郫都林盘农耕文化系统"申遗的六个乡镇遗产区之一，辖区面积为19.86km²，辖六村二社区。北与唐元镇、古城镇毗邻，南与郫都区红光镇、郫筒镇、团结镇相连，西与新民场镇接壤，东与彭州市、新都区相邻，并毗邻成都第二绕城高速。该镇距成都市区19km，距郫都城区6km，是历史上有名的水陆码头和商贸之地，都江堰的两大支流——柏条河、徐堰河纵贯全境，水质清澈，生态环境优美。该地区基础设施完善，经济建设良好，交通发达。林盘数量众多，现有林盘600余个。分布较为集中，乔木层以落叶阔叶林及竹类为主，植物丰富度高，树种搭配较有规律，传统林盘保存相对完整、原生性好，研究价值高。综合以上分析，故本书的第3~第5章选择以郫都区三道堰镇为例。

新都区和郫都区所在区域均属亚热带季风性湿润气候区，四季分明，夏热冬冷，雨量充沛。一般春季气温回暖早，夏季多暴雨，秋季多阴雨，冬季干燥少雨多雾、日照偏少。具有温和湿润、四季分明的特点。年平均气温为16.7℃，无霜期300多天，年均降雨量为935mm，平均相对湿度为84%，年均日照数为1095.8h。且常年冬季多偏东北风，夏季多偏东南风，春秋季节风向不定，但风力多小于3级，以静风、软风为主。

2. 样地选择原则

林盘建筑材料、植物类型、布局形式等都会影响林盘的生态效益，为最大限度地减少其他因子带来的影响。在林盘选择中，遵循以下原则。

（1）本书选择的林盘均为传统林盘，且林盘建筑材料、层高等基本保持一致。另外，保证样本林盘相互独立，形态清晰，保存完整，且周边30m内为同质化的农田，无大面积水体、硬质铺地、其他高大植被以及建筑物等有可能影响林盘生态效应的因素。环境相对简单统一，且各林盘周边作物类型基本一致。

（2）林盘样地应集中分布在1km范围内，以保证林地环境的同一性以及数据收集的便捷性。且因仪器安装与数据获取的需要，所选林地必须有较好的可达性。

（3）样本林地属于非人工的自然植物群落，群落水平结构以由林盘主要的优势单一物种构成的纯林式植物群落结构为主，有利于比较研究不同类型乔木冠层的降雨截留作用。因林冠下的林内透落雨量收集容器不得有其他植物的遮挡，故乔木林群落垂直结构选择乔木层单层结构或"乔木+草本"复层结构。

（4）林地的乔木种类为林盘原生物种，数量较多及其在林盘中的出现频率占绝对优势，具有较高的研究价值与意义，且所选乔木类型的树干具有树干茎流装置安装的可操作性。单个纯林林地的乔木数量不少于2棵，种植方式以丛植、片植、群植为主。

3. 所选样地的基本情况

（1）第2章研究样地的基本情况

样地位于新繁镇清镇村和锦河村。研究选取了自然环境相似、地理位置接近的12个传统林盘。样本林盘植物种类构成相似，林盘郁闭度均在60%左右。所有的样本按照面积大小进行编号，具体信息见表1-4。

表1-4 林盘样地的基本情况

| 编号 | 行政区位 | 面积（m²） | 户数 | 建筑楼层 | 主要树种及林盘类型 |
|---|---|---|---|---|---|
| 1 | 清镇村 | 2301 | 1 | 1层建筑 | 国槐、慈竹和枫杨；围绕型 |
| 2 | 清镇村 | 3048 | 1 | 1层建筑 | 水杉、慈竹和枫杨；围绕型 |
| 3 | 清镇村 | 3796 | 5 | 1层建筑 | 枫杨和喜树；居中型 |
| 4 | 锦河村 | 4234 | 3 | 1层建筑 | 香樟和枫杨；单侧型 |

续表

| 编号 | 行政区位 | 面积（m²） | 户数 | 建筑楼层 | 主要树种及林盘类型 |
|---|---|---|---|---|---|
| 5 | 清镇村 | 4704 | 2 | 1层建筑 | 水杉、慈竹和香樟；围绕型 |
| 6 | 锦河村 | 4929 | 4 | 2层建筑 | 水杉和香樟；单侧型 |
| 7 | 锦河村 | 5125 | 3 | 1层建筑 | 枫杨和慈竹；零散型 |
| 8 | 清镇村 | 5268 | 5 | 1~2层建筑 | 枫杨和速生桉；居中型 |
| 9 | 清镇村 | 5784 | 3 | 1~2层建筑 | 枫杨和香樟；居中型 |
| 10 | 锦河村 | 5848 | 2 | 1~2层建筑 | 慈竹和枫杨；零散型 |
| 11 | 锦河村 | 6243 | 1 | 1~2层建筑 | 枫杨、梧桐和喜树；零散型 |
| 12 | 清镇村 | 7678 | 5 | 1~2层建筑 | 喜树、慈竹和香樟；单侧型 |

（2）第3章研究样地的基本情况

通过谷歌获取三道堰镇高清卫星图，并将其导入地理信息系统（Geographic Information System，GIS），在GIS中圈出满足选点原则的林盘，并通过现场调研验证所提取林盘的真实有效性，最终根据研究目的确定以三村交界处的36个林盘（编号为1~36）作为调研对象（图1-17）。

在GIS中确定样本林盘面积$A$、周长$C$及乔木覆盖面积$A_f$，并求出乔木覆盖率$F = A_f/A$。通过使用Garmin eTrex20手持GPS仪对样本林盘进行实地抽样调查，验证在GIS中得到的面积、周长、乔木覆盖面积的准确性。另外，各样本林盘建筑均控制在1~2层，以钢筋混凝土作为建筑主体框

图1-17　样地林盘分布编号图

架，砖砌墙体作为围合部分，植被类型以高大乔竹混交为主，周边农田则种植油菜、水稻、韭菜等作为主要草本经济作物。按照面积大小进行编号，各样本林盘基本情况见表1-5、表1-6。

表1-5　林盘面积、周长、乔木覆盖率等情况统计

| 林盘 | 行政区位 | 乔木覆盖率（％） | 周长（m） | 面积（㎡） | 建筑层数 | 房屋数量（栋） | 户数（户） |
|---|---|---|---|---|---|---|---|
| 1 | 青塔村 | 58.70 | 165.31 | 1907 | 2层建筑 | 13 | 16 |
| 2 | 青塔村 | 80.67 | 201.09 | 2040 | 1层建筑 | 6 | 7 |
| 3 | 青塔村 | 53.70 | 182.11 | 2114 | 2层建筑 | 7 | 7 |
| 4 | 青塔村 | 73.39 | 275.55 | 4581 | 1层建筑 | 12 | 15 |
| 5 | 青塔村 | 82.27 | 290.13 | 6066 | 1层建筑 | 10 | 20 |
| 6 | 青塔村 | 59.07 | 311.62 | 6280 | 2层建筑 | 6 | 14 |
| 7 | 青塔村 | 66.44 | 368.38 | 7790 | 1层建筑 | 12 | 16 |
| 8 | 青塔村 | 79.26 | 368.36 | 8697 | 2层建筑 | 17 | 17 |
| 9 | 青塔村 | 61.18 | 425.23 | 11823 | 2层建筑 | 36 | 20 |
| 10 | 青塔村 | 60.74 | 460.44 | 11890 | 2层建筑 | 9 | 11 |
| 11 | 青塔村 | 73.47 | 554.88 | 16818 | 1～2层建筑 | 24 | 21 |
| 12 | 青塔村 | 62.96 | 579.26 | 18822 | 2层建筑 | 20 | 18 |
| 13 | 青塔村 | 81.04 | 645.25 | 22973 | 1～2层建筑 | 4 | 6 |
| 14 | 青塔村 | 60.83 | 600.35 | 23268 | 1～2层建筑 | 21 | 33 |
| 15 | 八步桥村 | 76.60 | 654.51 | 26107 | 1～2层建筑 | 28 | 50 |
| 16 | 青塔村 | 74.42 | 699.81 | 29833 | 2层建筑 | 41 | 28 |
| 17 | 青塔村 | 69.28 | 831.15 | 30116 | 1～2层建筑 | 48 | 27 |
| 18 | 秦家庙村 | 74.71 | 793.99 | 33922 | 1～2层建筑 | 29 | 52 |
| 19 | 八步桥村 | 68.62 | 919.45 | 38285 | 1～2层建筑 | 61 | 39 |
| 20 | 八步桥村 | 86.93 | 849.77 | 39177 | 2层建筑 | 24 | 24 |
| 21 | 青塔村 | 66.88 | 924.68 | 43928 | 2层建筑 | 29 | 34 |
| 22 | 青塔村 | 55.05 | 937.90 | 44915 | 1～2层建筑 | 33 | 33 |
| 23 | 八步桥村 | 68.97 | 987.62 | 46674 | 1～2层建筑 | 48 | 54 |
| 24 | 青塔村 | 79.53 | 1066.73 | 47450 | 2层建筑 | 33 | 42 |
| 25 | 秦家庙村 | 69.47 | 975.98 | 51223 | 2层建筑 | 60 | 62 |
| 26 | 秦家庙村 | 67.92 | 1061.83 | 53245 | 1～2层建筑 | 73 | 146 |

| 林盘 | 行政区位 | 乔木覆盖率（%） | 周长（m） | 面积（m²） | 建筑层数 | 房屋数量（栋） | 户数（户） |
|---|---|---|---|---|---|---|---|
| 27 | 八步桥村 | 75.90 | 1568.32 | 56935 | 1~2层建筑 | 66 | 62 |
| 28 | 青塔村 | 85.56 | 1331.19 | 57978 | 1~2层建筑 | 32 | 35 |
| 29 | 青塔村 | 70.77 | 1319.28 | 63108 | 1~2层建筑 | 71 | 104 |
| 30 | 八步桥村 | 70.89 | 1284.95 | 64885 | 1~2层建筑 | 74 | 105 |
| 31 | 秦家庙村 | 64.50 | 1297.46 | 67726 | 1~2层建筑 | 89 | 114 |
| 32 | 八步桥村 | 69.94 | 1483.94 | 69011 | 1~2层建筑 | 33 | 55 |
| 33 | 秦家庙村 | 80.65 | 1419.96 | 71855 | 1~2层建筑 | 86 | 97 |
| 34 | 青塔村 | 55.42 | 1129.85 | 73133 | 1~2层建筑 | 57 | 98 |
| 35 | 青塔村 | 74.82 | 1377.88 | 75625 | 2层建筑 | 88 | 123 |
| 36 | 八步桥村 | 79.37 | 1362.42 | 77445 | 1~2层建筑 | 42 | 56 |

表1-6　36个林盘的基本情况

| 样本林盘 | 建筑材料 | 植物类型 | 农田作物类型 |
|---|---|---|---|
| 1~36 | 主体框架：钢筋混凝土 围合部分：砖砌墙体 | 乔木：水杉、香樟、枫杨、青冈树、天竺桂、喜树、桂花、柑橘、枇杷等 灌木：蜡梅、杜鹃、山茶、黄杨等 竹类：慈竹、斑竹、毛竹等 | 油菜、水稻韭菜、小麦蒜苗、萝卜等蔬菜 |

　　由于第3章的研究旨在分别剖析面积、周长、乔木覆盖率与微气候之间存在的关联，因此将36个林盘按照面积、周长、乔木覆盖率分别进行分组（表1-7），为后续分析面积、周长、乔木覆盖率与微气候之间的关系作铺垫。面积以5000m²为一个梯度，共分为16组；周长以100m为一个梯度，共分为13组；乔木覆盖率以3%为一个梯度，共分为11组。

表1-7　林盘按不同特征进行分组情况

| 按面积（×10³m²）分组 | 对应林盘编号 | 按周长分组 | 对应林盘编号 | 按乔木覆盖率分组 | 对应林盘编号 |
|---|---|---|---|---|---|
| A1（<5） | 1，2，3，4 | C1（150~250） | 1，3，2 | F1（53~56） | 3，22，34 |
| A2（5~10） | 5，6，7，8 | C2（250~350） | 4，5，6 | F2（56~59） | 1，6 |

续表

| 按面积<br>（×10³m²）<br>分组 | 对应<br>林盘编号 | 按周长分组 | 对应林盘编号 | 按乔木<br>覆盖率分组 | 对应林盘编号 |
|---|---|---|---|---|---|
| A3（10~15） | 9，10 | C3（350~450） | 8，7，9 | F3（59~62） | 10，14，9 |
| A4（15~20） | 11，12 | C4（450~550） | 10，11 | F4（62~65） | 12，31 |
| A5（20~25） | 13，14 | C5（550~650） | 12，14，13 | F5（65~68） | 7，21，26 |
| A6（25~30） | 15，16 | C6（650~750） | 15，16 | F6（68~71） | 19，23，17，25，32，29，30 |
| A7（30~35） | 17，18 | C7（750~850） | 18，17，20 | F7（71~74） | 4，11 |
| A8（35~40） | 19，20 | C8（850~950） | 19，21，22 | F8（74~77） | 16，18，35，27，15 |
| A9（40~45） | 21，22 | C9（950~1050） | 25，23 | F9（77~80） | 8，36，24 |
| A10（45~50） | 23，24 | C10（1050~1150） | 26，24，34 | F10（80~83） | 33，2，13，5 |
| A11（50~55） | 25，26 | C11（1250~1350） | 30，31，29，28 | F11（>83） | 28，20 |
| A12（55~60） | 27，28 | C12（1350~1450） | 36，35，33 | | |
| A13（60~65） | 29，30 | C13（>1450） | 32，27 | | |
| A14（65~70） | 31，32 | | | | |
| A15（70~75） | 33，34 | | | | |
| A16（75~80） | 35，36 | | | | |

（3）第4章研究样地的基本情况

对青塔村内25个面积大小不同的传统林盘的植物群落开展了实地调查，并记录各林盘乔木种类与数量。调查结果显示，植物以本地优势种为主，植被生长较好，乔木高大，物种丰富度较高。林盘植物群落水平结构以由单一树种构成的纯林式植物群落结构为主，垂直结构以"乔木+草本"复层结构为主，乔木层植物占据最大优势。调研林盘范围内共有乔木32种，隶属于23科30属（表1-8）。其中落叶乔木的数量具有较大的优势，处于主导地位，占到植物总数的58.5%，常绿乔木占41.5%，落叶阔叶乔木的数量（45.1%）略多于常绿阔叶乔木（41.3%）。乔木主要以银杏、水杉、香樟、桂花、枫杨、喜树、朴树、构树、柚、天竺桂等为优势种。从乔木在林盘中出现的频率来看，银杏、枫杨、香樟、水杉、喜树、朴树最高，其中，常绿乔木在各林盘中出现的频率较高且分布均匀，落叶乔木除了银杏、枫杨、水杉、朴树、构树出现较多外，其他只在少数林盘出现。竹林是川西林盘典型植被，除个别小面积林盘未栽植竹类之外，大多数中大型林盘都有竹类的分布。

### 表1-8 林盘乔木及竹林汇总表

| 生活型 | | 名称 | 科名 | 属名 | 拉丁学名 | 数量（株） | 出现频率（%） |
|---|---|---|---|---|---|---|---|
| 常绿 | 针叶 | 侧柏 | 柏科 | 侧柏属 | *Platycladus orientalis* | 3 | 4 |
| | 阔叶 | 香樟 | 樟科 | 樟属 | *Cinnamomum camphora* | 222 | 72 |
| | | 桂花 | 木樨科 | 木樨属 | *Osmanthus fragrans* | 190 | 40 |
| | | 天竺桂 | 樟科 | 楠属 | *Cinnamomum japonicum* | 55 | 32 |
| | | 柚 | 芸香科 | 柑橘属 | *Citrus maxima* | 54 | 32 |
| | | 女贞 | 木樨科 | 女贞属 | *Ligustrum lucidum* | 47 | 44 |
| | | 楠木 | 樟科 | 楠属 | *Phoebe zhennan* | 38 | 16 |
| | | 黑壳楠 | 樟科 | 山胡椒属 | *Lindera megaphylla* | 37 | 36 |
| | | 枇杷 | 蔷薇科 | 枇杷属 | *Eriobotrya japonica* | 25 | 36 |
| | | 广玉兰 | 木兰科 | 木兰属 | *Magnolia grandiflora* | 11 | 8 |
| | | 桉树 | 桃金娘科 | 桉属 | *Eucalyptus robusta* | 8 | 16 |
| | | 青冈 | 壳斗科 | 栎属 | *Quercus glauca* | 1 | 4 |
| 落叶 | 针叶 | 水杉 | 杉科 | 水杉属 | *Metasequoia glyptostroboides* | 223 | 68 |
| | 阔叶 | 银杏 | 银杏科 | 银杏属 | *Ginkgo biloba* | 268 | 80 |
| | | 枫杨 | 胡桃科 | 枫杨属 | *Pterocarya stenoptera* | 171 | 76 |
| | | 喜树 | 蓝果树科 | 喜树属 | *Camptotheca acuminata.* | 91 | 60 |
| | | 构树 | 桑科 | 构属 | *Broussonetia papyifera* | 51 | 48 |
| | | 朴树 | 榆科 | 朴属 | *Celtis sinensis* | 50 | 52 |
| | | 玉兰 | 木兰科 | 木兰属 | *Magnolia denudata* | 23 | 16 |
| | | 刺槐 | 豆科 | 刺槐属 | *Robinia pseudoacacia* | 21 | 12 |
| | | 垂柳 | 杨柳科 | 柳属 | *Salix babylonica* | 19 | 8 |
| | | 皂荚树 | 豆科 | 皂荚属 | *Gleditsia sinensis* | 13 | 16 |
| | | 柿树 | 柿科 | 柿属 | *Diospyros kaki* | 9 | 20 |
| | | 李树 | 蔷薇科 | 李属 | *Prunus salicina* | 8 | 20 |
| | | 栾树 | 无患子科 | 栾树属 | *Koelreuteria paniculata* | 8 | 20 |
| | | 桑树 | 桑科 | 桑属 | *Morus alba* | 5 | 16 |
| | | 刺楸 | 五加科 | 刺楸属 | *Kalopanax septemlobus* | 4 | 12 |
| | | 梧桐 | 梧桐科 | 梧桐属 | *Firmiana platanifolia* | 4 | 8 |
| | | 苦楝 | 楝科 | 楝属 | *Melia azedarach* | 3 | 4 |
| | | 灯台树 | 山茱萸科 | 灯台树属 | *Bothrocaryum controversum* | 1 | 4 |
| | | 臭椿 | 苦木科 | 臭椿属 | *Ailanthus altissima* | 1 | 4 |
| | | 榆树 | 榆科 | 榆属 | *Ulmus pumila* | 1 | 4 |
| 常绿竹林 | | 慈竹 | 禾本科 | 慈竹属 | *Neosinocalamus affinis* | — | 72 |
| | | 雷竹 | 禾本科 | 刚竹属 | *Phyllostachys praecox* | — | 8 |

结合第一轮实地调研的25个林盘的情况，再次实地踏勘选择符合要求的乔木林地样本，确定研究对象为位于青塔村域范围内10个林盘的17个乔木纯林及竹林林地，其中林木隶属于8科10属11种，对林地所在林盘进行一级编号（编号为1~10），对林地样本进行二级编号（图1-18）。

对林地样本的面积、周长进行实地测量，对各林地的乔木进行人工计数，并测量林地内所有乔木植株的胸径、冠幅与高度后，林地样本的基本情况见表1-9、表1-10。

图1-18　样本林盘编号图

### 表1-9　乔木林地样本基本情况表

| 林盘编号 | 林地编号 | 林地类型 | 面积（m²） | 周长（m） | 数量（株） | 冠幅（m） | 高度（m） |
|---|---|---|---|---|---|---|---|
| 1 | 1-1 | 黑壳楠林 | 25.58 | 22.39 | 5 | 4~6 | 10~12 |
| 2 | 2-1 | 银杏林 | 16.45 | 12.43 | 5 | 2~3 | 9~10 |
| 3 | 3-1 | 慈竹林 | 173.49 | 64.84 | — | — | 15~20 |
| | 3-2 | 柚林 | 37.56 | 31.46 | 9 | 2~4 | 6~9 |
| | 3-3 | 天竺桂林 | 26.906 | 38.40 | 2 | 6~7 | 15~18 |
| 4 | 4-1 | 水杉林 | 30.14 | 42.57 | 9 | 3~6 | 23~25 |
| | 4-2 | 喜树林 | 23.87 | 21.93 | 5 | 6~9 | 20~23 |
| 5 | 5-1 | 香樟林 | 46.03 | 34.65 | 16 | 4~6 | 12~13 |
| | 5-2 | 香樟林 | 35.03 | 29.75 | 12 | 4~6 | 12~15 |
| | 5-3 | 楠木林 | 70.07 | 45.29 | 13 | 4~6 | 12~15 |
| 6 | 6-1 | 枫杨林 | 110.25 | 58.25 | 7 | 6~9 | 15~18 |
| | 6-2 | 桂花林 | 44.00 | 37.01 | 24 | 3~5 | 5~6 |
| 7 | 7-1 | 天竺桂林 | 36.00 | 35.69 | 5 | 3~5 | 6~8 |
| 8 | 8-1 | 水杉林 | 39.02 | 27.54 | 13 | 2~3 | 12~15 |
| 9 | 9-1 | 枫杨林 | 68.38 | 38.58 | 11 | 5~6 | 12~13 |
| 10 | 10-1 | 黑壳楠林 | 74.15 | 48.89 | 13 | 5~6 | 7~10 |
| | 10-2 | 枫杨林 | 112.87 | 51.52 | 37 | 5~7 | 13~15 |

表1-10　林地样本乔木胸径表

| 林盘编号 | 林地编号 | 林地类型 | 胸径（cm） |
|---|---|---|---|
| 1 | 1-1 | 黑壳楠林 | 24，15，14，13，13 |
| 2 | 2-1 | 银杏林 | 23，17，15，13，11 |
| 3 | 3-1 | 慈竹林 | 7，6，6，6，6，6，6 |
| | 3-2 | 柚林 | 15，14，13，12，12，12，10，9，9 |
| | 3-3 | 天竺桂林 | 33，27 |
| 4 | 4-1 | 水杉林 | 42，38，31，27，22，15，15，15，10 |
| | 4-2 | 喜树林 | 22，22，22，22，22 |
| 5 | 5-1 | 香樟林 | 27，25，25，25，25，22，22，22，21，21，20，20，19，17，16，15 |
| | 5-2 | 香樟林 | 27，24，22，19，19，19，17，16，15，13，12，11.6 |
| | 5-3 | 楠木林 | 22，21，19，18，17，17，16，16，15，14，14，13，12 |
| 6 | 6-1 | 枫杨林 | 38，30，29，28，27，19，14 |
| | 6-2 | 桂花林 | 13，11，9，9，8，8，8，7，7，7，7，7，7，7，7，7，6，6，6，6，6，5，5，4 |
| 7 | 7-1 | 天竺桂林 | 28，17，17，15，15 |
| 8 | 8-1 | 水杉林 | 35，32，30，20，19，18，16，15，12，9，9，9，8 |
| 9 | 9-1 | 枫杨林 | 27，24，23，20，17，17，15，14，14，15，13 |
| 10 | 10-1 | 黑壳楠林 | 31，25，23，22，22，20，20，19，15，15，14，14，13 |
| | 10-2 | 枫杨林 | 41，36，34，31，29，28，28，28，26，26，25，24，23，23，22，21，21，20，20，19，19，18，18，16，16，15，15，15，15，15，14，11，11，11，11，9 |

　　按照生活型将17个纯林林地进行分组（表1-11），为后续分析乔木类型对冠层截留的影响作铺垫。

表1-11　按照生活型分组的纯林林地

| 生活型 | 编号 | 林地类型 |
|---|---|---|
| 常绿阔叶 | 1-1 | 黑壳楠林 |
| | 10-1 | 黑壳楠林 |
| | 3-1 | 慈竹林 |
| | 3-2 | 柚林 |
| | 3-3 | 天竺桂林 |

续表

| 生活型 | 编号 | 林地类型 |
|---|---|---|
| 常绿阔叶 | 7-1 | 天竺桂林 |
| | 5-1 | 香樟林 |
| | 5-2 | 香樟林 |
| | 5-3 | 楠木林 |
| | 6-2 | 桂花林 |
| 落叶阔叶 | 2-1 | 银杏林 |
| | 4-2 | 喜树林 |
| | 6-1 | 枫杨林 |
| | 9-1 | 枫杨林 |
| | 10-2 | 枫杨林 |
| 落叶针叶 | 4-1 | 水杉林 |
| | 8-1 | 水杉林 |

（4）第5章研究样地的基本情况

在青塔村林盘中选定慈竹、雷竹、香樟、黑壳楠、枫杨、水杉、银杏和构树8种出现频率最高的林木作为研究对象。随后筛选出分别含有这8种林木，且种类单一（仅含有一种林木）、生长较为集中的8块400m²纯林林地作为取样地（图1-19）。为避免干扰，在实验开始之前，提前清除地表灌木。

## 1.3.6 开展研究的时间

由于国家、地区和民族不同，季节划分有多种方法，常见的有天文法、节气法、物候法等。天文法划分是由地球在黄道上的位置决定的，以春分（3月20日）、夏至（6月21日）、秋分（9月22日）和冬至（12月21日）分别作为北半球春季、夏季、秋季和冬季的开始。天文法划分反映了一年太阳高度的季节变化，且日期固定，便于记忆。故本书在测量时选择天文法作为区分各季节的标准，以与成都地区四季划分最为接近的气象划分法为准，即春季为3~5月，夏季为6~8月，秋季为9~11月，冬季为12~2月。

在第2章中，为了使收集到的气象数据更具季节代表性，分别在2016年每个季度的中间月份［即春季5月中旬（10~20日）、夏季8月中旬（10~20日）、秋季11月中旬（10~20日）和冬季2月中旬（10~20日）］，选择连续两天以上晴天的第3天进行数据测

（a）慈竹　　　　　　　　（b）黑壳楠　　　　　　　　（c）构树

（d）香樟　　　　　　　　（e）银杏　　　　　　　　（f）水杉

（g）枫杨　　　　　　　　（h）雷竹

图1-19　8种景观林木样地

量，第4天重复，测量选择在9：00~18：00进行。

第3章中，选择在2017年1月测定冬季数据，4月测定春季数据，7月测定夏季数据，10月测定秋季数据。选择连续天晴两天后晴天的第3个晴天进行数据测量，第4天重复。另外，为了减少各样本测试时间带来的误差，测试时间控制在8：00~18：00之间，且各林盘在四季的测试时间基本保持一致。

第4章中，选择在2018年每个季节进行3~4次降雨数据收集，为保证数据的真实性和科学性，在每次降雨前安装并检查采集装置，降雨之后为防止收集的雨水蒸发及时进行原始数据的记录与收集。

第5章中，选择2019年10月~2020年10月，收集每块纯林样地的地表凋落物，每月回收一次。

### 1.3.7 测量仪器的选择

研究中选用进口Kestrel 4000和Kestrel 5500手持气象仪测量风速、空气温度（后简称为温度）和空气相对湿度（后简称为相对湿度）；采用进口Field Scout光量子计来测量光照强度；使用HOBO RG3–M翻斗式雨量计记录降雨量；使用Garmin eTrex20手持GPS仪测量林盘面积，具体的仪器参数见表1–12。

表1-12 测量仪器及其参数

| 参数 | 测试仪器名称 | 仪器精度 | 测试范围 | 备注 |
|---|---|---|---|---|
| 面积 | Garmin eTrex20手持GPS仪 | 3m | 无 | |
| 风速 | Kestrel 4000和Kestrel 5500 | ±3%或±0.1m/s | 0.4~60m/s | 分辨率0.14m/s |
| 温度 | | ±1℃ | −45~125℃ | 分辨率0.1℃ |
| 相对湿度 | | ±3% | 0%~100% | 1% |
| 光照强度 | Field scout | ±5% | 0~1999 μmol/（m²·s） | 余弦校正后达到±3% |
| 降雨量 | Hobo RG3–M翻斗式雨量计 | 1.0% | 320cm | ±1min/月 |

### 1.3.8 实验方法

第2章中，分别在12个林盘样本的外部（距离林盘边缘10m）、边缘和中心区域同时取点测量，重复3次，3次选择不同的位置，每次数据采集的时间间隔3min。先对第一天测量的各项微气候的三组数据求平均值，再求第二天三组数据的平均值，最后利用多次测量的平均值对代表季节性均值进行分析。将各样本的外部、边缘和内部区域的各气象因子及差值进行标号，如温度分别表示为$T_外$、$T_缘$、$T_内$，温度差$\Delta T_1 = T_外 - T_缘$，$\Delta T_2 = T_缘 - T_内$，$\Delta T_3 = T_外 - T_内$。利用数学分析软件Origin8.0制作图表并进行分析，观察不同骨干乔木分布方式的4类林盘对微气候的影响。

图1-20　林盘样地的测点位置

第3章中，在每一个林盘样地中选取4个方向进行同步测量。分别在这4个方向上各确定一条与绿地边沿垂直的线段作为测量区段。每一测量区段设多个测点，每两个测量点相隔距离为5m，以绿地边缘为起始点，距离为0m，向内为负，向外为正，形成0m、5m、10m、15m、20m 5个测点，测试高度均为1.5m。对林盘各区段各测点同时进行取点测量，每隔1min测定一次各点温度、湿度、风速和光照强度（图1-20）。

计算与林盘边界距离相同的4个方向的观测点的小时平均值（8：00~18：00），作为每个缓冲区的平均值。每个林盘的季节平均值表示为平均值±标准差（$SD$）。为了分析缓冲区的微气候变化趋势，相邻缓冲区之间参数的成对差异计算如下：相邻温差（$\Delta T$），$\Delta T_1 = T_a(5m) - T_a(0m)$，$\Delta T_2 = T_a(10m) - T_a(5m)$，$\Delta T_3 = T_a(15m) - T_a(10m)$，$\Delta T_4 = T_a(20m) - T_a(15m)$，然后相互比较。为了明确林盘微气候的影响距离和强度，设计了两个指标来量化影响。第一个是最远影响距离（$LID$），它是指林盘微气候影响周边环境的最远距离。分两步对每个小气候变量的最大影响距离进行统计测试。首先，缓冲区和临盘边界（0m）之间的参数成对差异计算如下：基础温差（$\Delta TB$），$\Delta TB_1 = T_a(5m) - T_a(0m)$，$\Delta TB_2 = T_a(10m) - T_a(0m)$，$\Delta TB_3 = T_a(15m) - T_a(0m)$，$\Delta TB_4 = T_a(20m) - T_a(0m)$。其次，使用$P < 0.05$（5%）时的最小显著性差异（$LSD$）检验分析成对差异（$\Delta TB$）。如果两两差值与靠近林盘边界的值有显著差异，而与离林盘边界较远的值没有显著差异，则认为该距离为最远影响距离。

第4章中，在距林盘样地不超过1km、高于地面4m的开阔无遮挡处放置HOBO RG3-M翻斗式自动记录雨量计，进行林外总降雨量的监测。降雨之后使用HOBO数据采集器连接翻斗式雨量计与电脑，通过HOBO软件下载数据以获得林外总降雨量的数据。

透落雨量（$PT$）：依据林地面积，在每个林地冠幅下方随机布设直径为20cm、高度为21.5cm的雨量计10~30个，每次降雨时随机改变雨量计的位置，降雨之后及时对每个雨量计进行读数记录。

树干茎流量（FS）：按胸径将每种乔木分成不同茎级，每个茎级内选择一棵乔木进行树干茎流装置的安装，每个林地共选择2~4棵，具体安装方法是，用直径为2cm的塑料软管，在软管一端纵向剖开一段，形成凹槽，另一端保持完整，将软管剖成凹槽的部分在地面约1.5m处的树干上螺旋缠绕至少一周，并用图钉固定，与树干相接的地方用玻璃胶密封，软管完整的一端接25L的雨量桶（图1-21），在每次降雨后及时用量筒测定雨量桶中的水量，以此来收集树干茎流。

图1-21　树干茎流的收集

叶面积指数（LAI）：用植物图像冠层采集仪在数据收集同时采集不同林地冠层图像，并用植物图像冠层分析仪获取林地叶面积指数。

总降雨量（PG）：对雨量计记录的林外总降雨量数据进行下载，整理得到每次降雨的降雨量、降雨时长，并用降雨量与降雨时长的比值计算出每次降雨的强度，以单次降雨量的大小对林外总降雨量进行分级，降雨量小于10mm为小雨，降雨量在10~25mm之间为中雨，降雨量在25~50mm之间为大雨，降雨量在50~100mm之间为暴雨。对每次降雨后每个林地的雨量计所收集的数据进行均值处理，按照以下公式计算，得到该次降雨该林地的透落雨量PT（mm）：

$$PT = \frac{\sum_{i=1}^{N}(V_{\mathrm{TF}})_i}{N \times FA} \tag{1-1}$$

式中：$PT$——该林地该次降雨的透落雨量，mm；

　　　$V_{TF}$——每个雨量计收集到的降雨容积（L）；

　　　$N$　——乔木冠层下雨量计的数量；

　　　$FA$——收集器的漏斗面积（m²）。

收集到的树干茎流体积按照林木径级加权平均换算为茎流水深，根据对各林地乔木每一茎级测量得到的单株树干茎流体积$FS$（mL）按照下式计算该林地的树干茎流量$FS$（mm）：

$$FS = \frac{1}{A}\sum_{i=1}^{n} S_i \times m_i \tag{1-2}$$

式中，$n$　——树干径级数；

　　　$S_i$——第$i$径级单株树干茎流容积（mL）；

　　　$m_i$——第$i$径级的树木株数；

　　　$A$　——每种树的样地面积（m²）。

根据水量平衡原理，计算得到林冠截留量$IC$：

$$IC = PG - (PT + FS) \tag{1-3}$$

林冠截留率（$IC\%$）是研究林冠对降雨截留作用的常用指标，可以体现一定的林冠截留规律，用每个林地的实际截留量与降雨量的比值得到每场降雨该林地的截留率，用$IC\%$表示。

第5章中，纯林样地特征的测量，采用每木检尺法测定样地中的树高、冠幅、胸径等数据，用GPS测量纯林样地的林木面积，在此基础上用下式计算出纯林密度：

$$纯林密度 = 林木数量/纯林地面积 \tag{1-4}$$

样方的设计与凋落物的收集方式：2019年10月～2020年10月期间，在每块纯林样地中设置3个重复样方（1m×1m）收集地表凋落物，每月回收一次（图1-22）。收集前清扫混入样方的杂质，将凋落物装于密封袋，带回实验室冲洗并清除杂质，烘箱烘干（65℃，24h）。用单位面积地表凋落物烘干质量表示地表凋落物蓄积量（单位为kg/hm²）。用铁锹将林木下方土壤剖开20cm，用钢尺测量土壤中凋落物半分解层的厚度，采用环刀法在每个样方对角线处取土，收集土壤装入密封袋中。将半分解状态的凋落物和土样均带回实验室称鲜重，用0.85目的筛子冲洗去除杂质，烘干（65℃，24h）后称重得出混入土壤的凋落物干重。

图1-22　样地地表凋落物的收集

典型林木样地凋落物持水性研究：整合每季收集到的地表和土壤的凋落物，分别称重（$m_1$），在室内阴干3天后测定其重量（$m_2$），设置3个重复测定，计算自然持水量 $RO$（g/g）和自然持水率 $RO\%$，见下式：

$$RO = m_1 - m_2 \qquad (1-5)$$

$$RO\% = \frac{RO}{m_2} \times 100\% \qquad (1-6)$$

称取20g阴干后的凋落物装入茶叶袋，再将茶叶袋完全浸没于盛有清水的容器中，分别测定0.08h、0.33h、1h、2h、4h、8h、12h、24h、36h、48h、60h和72h的凋落物持水量 $RC$（g/g），称重前悬挂至不滴水，每种林木凋落物重复两次。除去茶叶袋湿重后，以相应时间单位质量凋落物所持水量的最大值作为凋落物最大持水量 $RM$（g/g）。凋落物的持水率 $D_x$（%）按照下式计算：

$$D_x = \frac{RC}{t} \times 100\% \qquad (1-7)$$

式中：$t$ ——凋落物浸水时间（h）。

凋落物的有效持水量 $RT$（g/g）和有效持水率 $RT\%$ 分别用公式1-8，1-9计算，凋落物径流拦蓄量 $WI$（t/hm²）计算见下式，式中 $M$ 为年凋落物总储量（t/hm²）：

$$RT = 0.85\,RM - RO \qquad (1-8)$$

$$RT\% = \frac{RT}{RM - RO} \times 100\% \qquad (1-9)$$

$$WI = RT\,M$$

采用经典环刀法。测定并计算乔木样地土壤容重测量时先用挖掘土壤剖面坑，用修土刀修平土壤剖面位置，并记录剖面形态，然后用200cm³环刀逐层取0~10cm、10~20cm的土样，每层取3个重复测量；带回实验室称重测定其自然含水量；将样品烘干，获得土壤干重再计算土壤容重，具体公式如下：

$$\rho = \frac{m \times 100}{V(100 + WR)} \qquad (1-10)$$

式中：$\rho$ ——土壤容重（g/cm³）；

$\quad V$ ——环刀容积（cm³）；

$\quad m$ ——环刀内湿土重（g）；

$\quad WR$——环刀土壤重量含水率（%）。

采用干筛测定方法测定样地土壤空隙度。主要仪器包括分析筛（孔径包括2mm、1mm、0.45mm、0.2mm、0.15mm）、电子天平、培养皿等。将分析筛组按照顺序套好

（筛孔大的在上、小的在下）。将林盘内采集的土壤风干，分多次倒在筛组上层，每次数量为100～200g，盖上筛盖，用手摇动筛子。当小于2mm的团聚体全部被筛出后，取走2mm的筛子。按照上述方式继续筛其他粒级部分。全部完成后，分别对筛出部分称重，求出各粒级占比。具体公式如下：

$$X = \frac{m_A}{m_B} \times 100\%$$

（1-11）

式中：$X$ ——小于某粒径的质量占总试样的百分比（%）；

$m_A$ ——某粒级质量（g）；

$m_B$ ——总试样质量（g）。

样地土壤中凋落物化学性质测定。在春秋两季，用环刀从样方对角线取回土样，标记带回实验室，风干、研磨，测试春秋两季土壤中碱解氮（碱解扩散法）、速效磷（碳酸氢钠浸提—钼锑抗比色法）、重铬酸钾（醋酸铵浸提—火焰光度法）以及有机质含量，按照下式进行计算：

$$碱解氮（N）= \frac{c(v-v_0) \times 14 \times 1000}{m}$$

（1-12）

$$土壤速效磷（P）= \frac{比色液浓度 \times 定容体积}{分取倍数m}$$

（1-13）

$$土壤速效钾（K）= \frac{待测液浓度}{m}$$

（1-14）

$$土壤有机质 = \frac{\left(c\frac{5}{v_0}\right)(v_0 - v) \times 10^{-3} \times 3.0 \times 1.1}{mk} \times 1000 \times 1.724$$

（1-15）

式中：$c$ ——0.800mL/L（1/6 $K_2Cr_2O_7$）标准溶液的浓度；

5 ——重铬酸钾标准溶液加入的体积（mL）；

$v_0$ ——空白滴定用去$FeSO_4$体积（mL）；

$v$ ——样品滴定用去$FeSO_4$体积（mL）；

3.0 ——1/4碳原子的摩尔质量（g/mol）；

1.1 ——氧化校正系数；

$m$ ——风干土重（g）；

$k$ ——将风干土换算成烘干土的系数；

1.724 ——土填有机碳换算成土壤有机质的系数。

## 1.3.9　数据处理方法

由于环境条件、天气条件等诸多因素的复杂性和不可控性，所以调研时遵循多天、同步、多次测量以及求平均值的原则进行数据收集，最大程度减少外部因素引起的误差。所有的数据收集、整理及分析工作，均使用Excel进行。使用SPSS 软件的皮尔森（Pearson）相关分析评估林盘各参数间的交联效应。研究中对于凋落物蓄积量、凋落物持水能力和凋落物拦蓄能力的差异性比较，均采用SPSS 软件，利用单因素方差分析（ANOVA）和邓肯（Duncan）多重比较分析法进行。利用Origin8.0软件对前期数据进行图表制作。

## 第 2 章

# 林盘内部微气候的自我调适功能

林盘中的光照、风速、温度和空气相对湿度等因素相互作用，共同形成了林盘独特的小气候环境，带给居住者不同的舒适度体验。林盘植被在小气候形成过程中扮演着十分重要的角色，它通过影响林盘内的采光、通风等方式来调节林盘内部的微气候。本章依据林盘乔木的分布方式将林盘分为乔木围绕型、乔木居中型、乔木零散型和乔木单边型4种类型，比较了不同类型林盘内部四季微气候的变化特征及影响要素，围绕型林盘在遮光和增湿方面表现较好，而零散型林盘在保温和防风方面表现较好。

## 2.1 林盘样地的四季温度变化特征

在春季，12个林盘样地的测点温度分布在24.85 ~ 27.9℃的区间范围内，最低温度出现在样地6的内部区域，而最高温度出现在样地1的外部区域，内外温度大体呈现出$T_外 > T_缘 \approx T_内$的状态。将林盘外部、边缘、内部区域测得的温度两两求差值分别得到外部和边缘区域的温差$\Delta T_1$，边缘和内部区域的温差$\Delta T_2$，外部和内部区域的温差$\Delta T_3$（图2-1a）。其中，$\Delta T_1$在-0.35 ~ 2℃之间波动，且正值所占的比例为75%，故大部分样本林盘呈现出外部区域温度高于内部区域的状态，平均约高出0.63℃。$\Delta T_3$在-1.15 ~ 1.6℃之间波动，且正值所占的比例约为83.3%，即外部温度也高于内部温度，平均约高出0.61℃。而$\Delta T_2$在纵轴上下波动，正负值各占50%，$\Delta T_2$的平均值约为-0.02℃，说明林盘边缘和内部区域的温差不明显，温差很小。以上数据表明，在春季，林盘对其边缘和内部区域有一定的降温作用，但效果不是很明显。

随后将林盘样本按照围绕型、居中型、零散型和单侧型分类，并分别计算其春季的$\Delta T_1'$，$\Delta T_2'$和$\Delta T_3'$，绘制出图2-2a。由图可知，在春季，围绕型和单侧型林盘$\Delta T_1'$和$\Delta T_3'$均为正值，$\Delta T_2'$为负值，则这两类林盘的温度均呈现出$T_外 > T_内 > T_缘$的状态。居中型和零散型林盘的$\Delta T_1'$、$\Delta T_2'$和$\Delta T_3'$均为正值，则$T_外 > T_缘 > T_内$，且温度呈现出从外到内层层递减的状态。其中，围绕型林盘的$\Delta T_1'$、$\Delta T_2'$和$\Delta T_3'$的绝对值均为4类林盘中的最大值，表明该类林盘的降温效果最明显，但林盘内部的温度分布最不均匀。单侧型林盘对边缘区域的降温能力仅次于围绕型，其$\Delta T_2'$的绝对值与零散型林盘的相同，均为最小值，则林盘内部温度分布较均匀。居中型林盘的$\Delta T_3'$值仅次于围绕型，表明该类林盘对内部区域的降温的效果较好；而零散型林盘的$\Delta T_1'$、$\Delta T_2'$和$\Delta T_3'$的绝对值均为最小，表明其在春季的内外温差不明显，内部温度分布最均匀。综合来看，在春季，围绕型林盘对边缘和内部区域温度的影响最大，降温效果最好；零散型林盘对边缘和内部区域的温度影响最小，降温效果最差。

在夏季，12个林盘样地的测点温度分布在32.35～37.80℃的区间范围内，最低温度出现在样地12的边缘区域，而最高温度出现在样地8的外部区域，内外温度大体呈现出$T_外>T_缘>T_内$的状态。$\Delta T_1$在–0.95～1.25℃之间波动，且正值占比75%，故林盘呈现外部温度高于边缘温度的状态，平均约高出0.31℃。$\Delta T_2$的平均值为0.56℃，说明林盘边缘比内部区域的温度稍高。$\Delta T_3$在–0.9～1.85℃之间波动，且正值所占的比例约为75%，即外部温度也高于内部温度，平均约高出0.87℃。因此，在夏季，林盘对其边缘和内部区域均有一定的降温作用，且对内部区域的降温能力更强。

在夏季，4类林盘的$\Delta T_1'$、$\Delta T_2'$和$\Delta T_3'$均为正值，则这4类林盘对边缘和内部区域均有降温作用，且温度均呈现从外向内依次递减，即$T_外>T_缘>T_内$的趋势。单侧型林盘的$\Delta T_1'$最大，但$\Delta T_2'$和$\Delta T_3'$小，表明该类林盘对边缘区域温度的影响最大（平均降温幅度达到了0.5℃），但对内部区域的降温影响却最小；同时，边缘和内部区域的温差也最小，林盘内温度分布最均匀。围绕型林盘的$\Delta T_1'$仅次于单侧型林盘，其$\Delta T_3'$值也仅次于居中型林盘，该类林盘对内部和边缘区域都具有较强的降温能力。居中型林盘对内部区域的降温能力最强，平均降温幅度高达1.07℃；但林盘中温度分布最不均匀，对边缘区域的温度影响较小，降温能力较弱。零散型林盘的$\Delta T_1'$最小，则该类林盘对边缘区域温度的影响最小，降温能力最差；其$\Delta T_3'$值也仅大于单侧型林盘，则该类林盘对内部区域的降温能力也较差。

综合来看，在夏季，4类林盘对边缘和内部区域均有一定的降温作用，其中，单侧型林盘对边缘区域的降温效果最好，居中型林盘对内部区域的降温效果最好。

在秋季，12个林盘样地的测点温度分布在17.6～21.6℃的区间范围内，内外温度大体呈现出$T_外>T_缘>T_内$的状态。$\Delta T_1$在–1.5～1.65℃之间波动，外部与边缘区域的温差均值为0.27℃；$\Delta T_2$在–0.55～1.7℃之间，且正值所占的比例约为75%，林盘边缘温度比内部温度平均高出0.58℃；$\Delta T_3$在–1.05～1.9℃之间波动，且正值所占的比例约为91.67%，林盘外部温度比内部温度平均高出0.84℃。以上数据表明，林盘在秋季对边缘和内部均有一定的降温作用，且对内部区域的降温能力更强，导致边缘和内部区域温差比较明显。

在4类林盘中，零散型林盘的$\Delta T_1'$和$\Delta T_3'$均最大，但是$\Delta T_2'$最小，即该类林盘的外部与边缘、外部与内部区域的温差均较大，降温效果最好，高达1.07℃。单侧型林盘对其边缘和内部区域有一定的降温作用，但表现不突出。围绕型林盘的$\Delta T_1'$和$\Delta T_3'$都最小，表明该类林盘对内部区域的降温效果最差。此外，居中型林盘的$\Delta T_1'$为负值，表明该类林盘对其边缘无降温作用，且对内部区域的降温效果也较差。整体而言，除居中型林盘外，其余三类林盘在秋季均对其边缘区域均有一定的降温影响，其中，零散型林盘在秋季的降温能力最强，远远高出其他3类林盘，而围绕型林盘对边缘和内部区域的降温效果最差。

在冬季，12个林盘样地的温度分布在10.5～14.55℃的区间范围内，大体呈现出$T_外>T_缘>T_内$的状态。$\Delta T_1$在–1.45～1.6℃之间波动，林盘外部区域的温度平均高出边缘区域0.28℃。$\Delta T_2$在–0.3～1.45℃之间波动，大多数林盘呈现出$T_缘>T_内$的状态，平均约高出0.67℃。$\Delta T_3$在–1.05～1.9℃之间波动，正值所占的比例约为66.67%，呈现出$T_外>T_内$的状态，平均约高出0.39℃。表明在冬季，林盘对边缘和内部仍有一定的降温作用，且对内部的降温幅度稍大，边缘和内部温差比较明显。

4类林盘的$\Delta T_1'$、$\Delta T_2'$和$\Delta T_3'$均为正值，均呈现出$T_外>T_缘>T_内$的状态，植被在冬季对林盘边缘和内部区域均有一定的降温作用。居中型林盘的$\Delta T_1'$最小，表明其对边缘区域温度的影响最小，降温幅度最小，而零散型林盘对边缘区域温度的影响最大，降温幅度最大；围绕型林盘的$\Delta T_2'$最大，而单侧型最小，则围绕型林盘内温度分布最不均匀，单侧型则相反；围绕型林盘的$\Delta T_3'$也最大，单侧型最小，则围绕型林盘对内部区域温度的影响最明显，降温幅度最大，而单侧型林盘则对内部区域温度的影响最小。

综合来看，在冬季，零散型林盘对边缘区域温度的影响最大，而围绕型林盘对内部区域温度的影响最大，降温效果最好；居中型林盘对边缘区域的降温幅度最小，而单侧型林盘对内部区域温度的影响最小，降温效果最不明显。

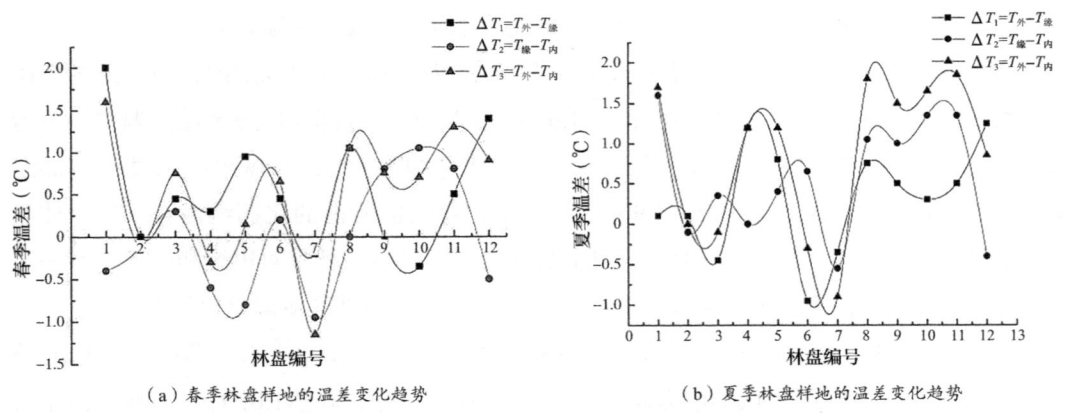

（a）春季林盘样地的温差变化趋势　　　　（b）夏季林盘样地的温差变化趋势

图2-1　12个林盘样地四季内外温差的变化趋势

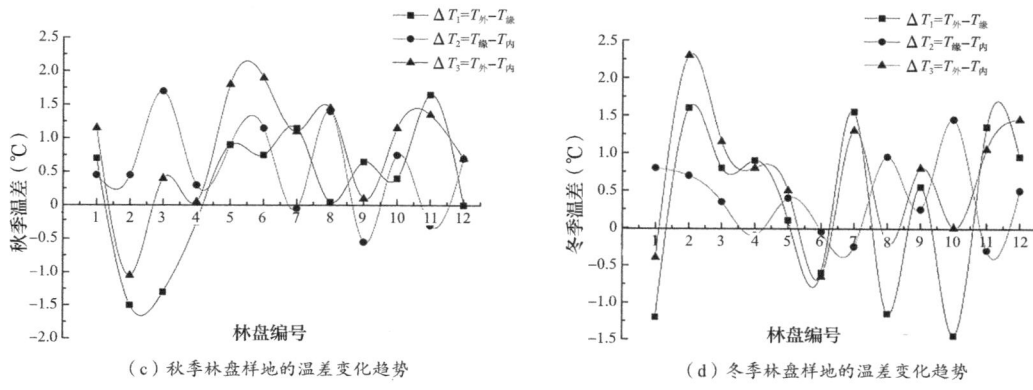

（c）秋季林盘样地的温差变化趋势　　　　　（d）冬季林盘样地的温差变化趋势

图2-1　12个林盘样地四季内外温差的变化趋势（续）

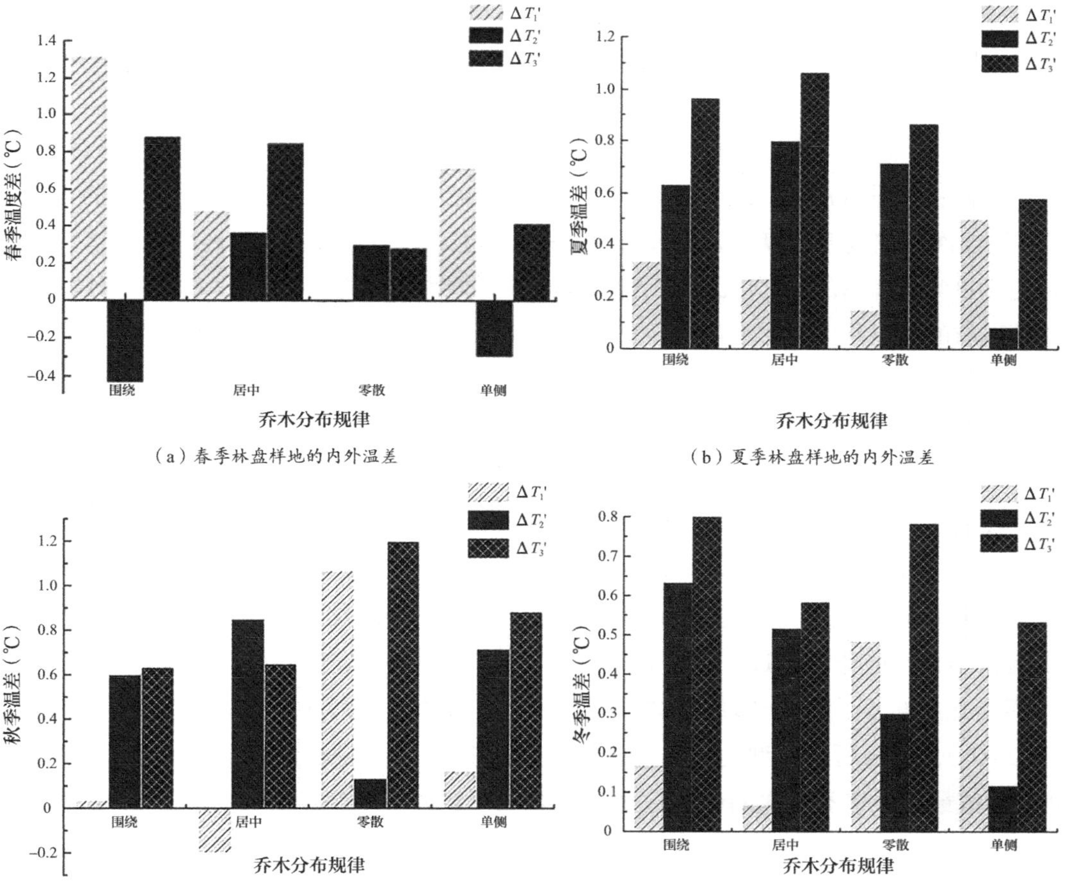

（a）春季林盘样地的内外温差　　　　　（b）夏季林盘样地的内外温差

（c）秋季林盘样地的内外温差　　　　　（d）冬季林盘样地的内外温差

图2-2　4类林盘样地四季各区域间的温度变化趋势

## 2.2 林盘样地的四季光照变化特征

在春季，12个林盘样地外部区域的平均光照强度为719μmol/（m²·s），边缘区域的平均光照强度为221.29μmol/（m²·s），内部区域的平均光照强度为90.13μmol/（m²·s）。整体看来，外部区域光照强度显著高于边缘和内部区域。将林盘外部、边缘、内部区域测得的光照强度两两求差值分别得到外部和边缘的光照强度差$\Delta I_1$，边缘和内部区域的光照强度差$\Delta I_2$，外部和内部区域的光照强度差$\Delta I_3$。12个样地所有的$\Delta I_1$、$\Delta I_2$和$\Delta I_3$均为正值，即$I_外 > I_缘 > I_内$，光照强度从外到内依次递减（图2-3a）。$\Delta I_1$在68～1010μmol/（m²·s）之间波动，$\Delta I_2$的变化曲线走势相对平缓，集中在55～192μmol/（m²·s）之间。$\Delta I_3$的曲线走势与$\Delta I_1$相似，在146～1093.5μmol/（m²·s）之间波动。整体而言，林盘的光照强度差呈现出边缘和内部差值小，内部和外部差值大的状态。

围绕型林盘的$\Delta I_1'$和$\Delta I_3'$分别为903.83μmol/（m²·s）和1018.67μmol/（m²·s），明显高于其他3种类型，则该类型的林盘对其边缘和内部区域的遮光效果最显著（图2-4a）；但其$\Delta I_2'$较小，反映出该类林盘内部光照分布较均匀。居中型林盘的$\Delta I_1'$和$\Delta I_3'$均仅次于围绕型林盘，遮光效果较强；同时其$\Delta I_2'$值最大，林盘内部光照分布最不均匀。单侧型林盘的$\Delta I_1'$、$\Delta I_2'$和$\Delta I_3'$相较其他3类林盘的值为最小，该类林盘对边缘和内部区域的光照强度的影响最小，遮光性能最差，林盘内部光照分布最均匀。

总的来看，在春季，4类林盘对边缘和内部区域均有明显的遮光作用，围绕型林盘对边缘和内部区域的遮光作用均最好，对林盘内部区域的光环境影响最大；单侧型林盘对其内部区域光照的影响最小。

在夏季，12个样地外部区域的平均光照强度为753.13μmol/（m²·s），边缘区域的平均光照强度为298.79μmol/（m²·s），内部区域的光照强度为60.17μmol/（m²·s）（图2-3b）。各样地外部和边缘光照强度差异较大，内部光照强度受外部光照强度的影响很小，数值非常接近。从整体来看，夏季林盘光照强度的分布趋势与春季相似，外部光照强度显著高于边缘和内部光照强度。4类林盘的$\Delta I_1'$、$\Delta I_2'$和$\Delta I_3'$均为正值（图2-4b），表明所有类型的林盘光照强度均是由外向内依次递减。其中，零散型林盘的$\Delta I_1'$值最大，该类林盘对边缘区域的遮光效果最好；围绕型林盘$\Delta I_1'$、$\Delta I_2'$和$\Delta I_3'$的值均排在第二，该类林盘对内部和边缘区域的遮光效果均较好；居中型林盘$\Delta I_2'$和$\Delta I_3'$的值最大，$\Delta I_3'$更是高达947μmol/（m²·s），该类林盘对内部区域的遮光作用最显著，且边缘和内部光照强度差值最大，光照分布最不均匀。

总体看来，在夏季，4类林盘对边缘和内部区域均有明显的遮光作用，其中零散型林盘对边缘区域的遮光效果最好，而居中型林盘对内部区域的遮光效果最好，这两类林盘能分别有效减少林盘边缘和内部区域受到的夏季烈日暴晒。

在秋季，12个林盘样地之间内部和边缘区域的光照强度差异较大，且内部光照强度较接近，集中分布在12.5 ~ 194.5μmol/（$m^2 \cdot s$）之间，绝大多数样本光照强度均为从外到内依次递减，即$I_{外} > I_{缘} > I_{内}$（图2-3c）。随后分别计算围绕型、居中型、零散型和单侧型林盘的外部和边缘区域的光照强度差可知（图2-4c），围绕型林盘的$\Delta I_1'$为238μmol/（$m^2 \cdot s$），显著高于其他类型，该类林盘对边缘区域的遮光效果最好；其$\Delta I_3'$高达367.67μmol/（$m^2 \cdot s$），仅次于居中型林盘，则该类林盘对内部区域的遮光效果也较好。居中型林盘的$\Delta I_3'$更是高达372.5μmol/（$m^2 \cdot s$），对内部区域的遮光效果最好，但内部光照分布最不均匀。零散型林盘的$\Delta I_1'$和$\Delta I_3'$最小，表明该类林盘对边缘和内部区域的遮光效果最差，在秋季林盘内部光照条件较好。单侧型林盘的$\Delta I_1'$仅次于围绕型林盘，则该类林盘对边缘区域的遮光效果较好。

总体而言，在秋季，4类林盘对边缘和内部区域均有一定的遮光作用，其中围绕型林盘对边缘区域的遮光效果最好；居中型林盘对内部区域的遮光效果最好；零散型林盘对边缘和内部区域的遮光效果均最差，该类林盘能在秋季为林盘内的居住环境带来最好的光照条件。

在冬季，12个林盘样地外部区域的平均光照强度为211.67μmol/（$m^2 \cdot s$），边缘区域的平均光照强度为95.46μmol/（$m^2 \cdot s$），内部区域的平均光照强度为37.83μmol/（$m^2 \cdot s$）。样本所有的$\Delta I_1$、$\Delta I_2$和$\Delta I_3$均为正值，表明光照强度从外到内依次递减，即$I_{外} > I_{缘} > I_{内}$，并呈现出边缘和内部差值小，内部和外部差值大的状态（图2-3d）。4类林盘的$\Delta I_1'$、$\Delta I_2'$和$\Delta I_3'$均为正值（图2-4d）。其中，围绕型林盘$\Delta I_1'$和$\Delta I_3'$最大，表明其对边缘和内部区域的遮光作用最强，林盘内获得的光照最少，居中型林盘的$\Delta I_2'$最大，表明该类林盘内部光照分布最不均匀。零散型林盘的$\Delta I_2'$和$\Delta I_3'$在4类林盘中均较小，该类林盘对内部的光照影响较小，且林盘内光照分布较均匀。单侧型林盘$\Delta I_1'$、$\Delta I_2'$和$\Delta I_3'$均最小，则该类林盘在冬季对边缘和内部区域光照条件的影响最小，遮光效果最差，在冬季更容易获得较好的光照条件，且林盘内光照分布也比较均匀。

总体而言，在冬季，4类林盘中，对边缘和内部区域遮光作用最强的是围绕型林盘，最弱的是单侧型林盘。

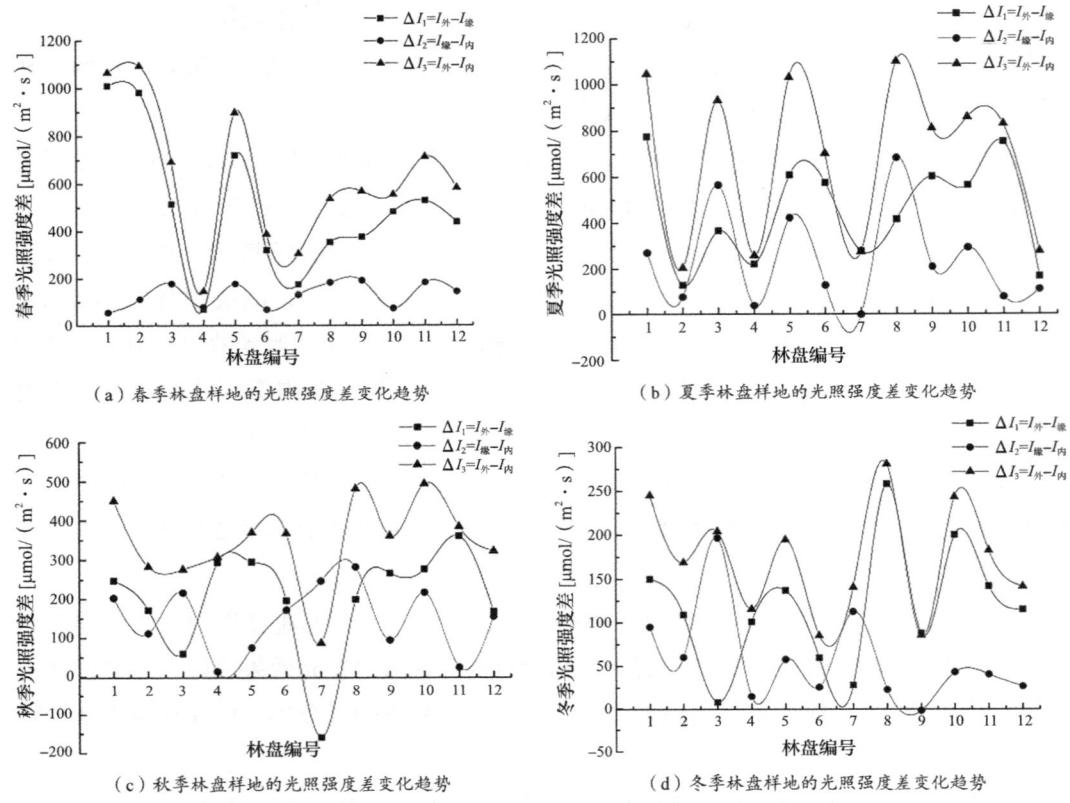

（a）春季林盘样地的光照强度差变化趋势　　　　　（b）夏季林盘样地的光照强度差变化趋势

（c）秋季林盘样地的光照强度差变化趋势　　　　　（d）冬季林盘样地的光照强度差变化趋势

图2-3　12个林盘样地四季内外光照强度的变化趋势

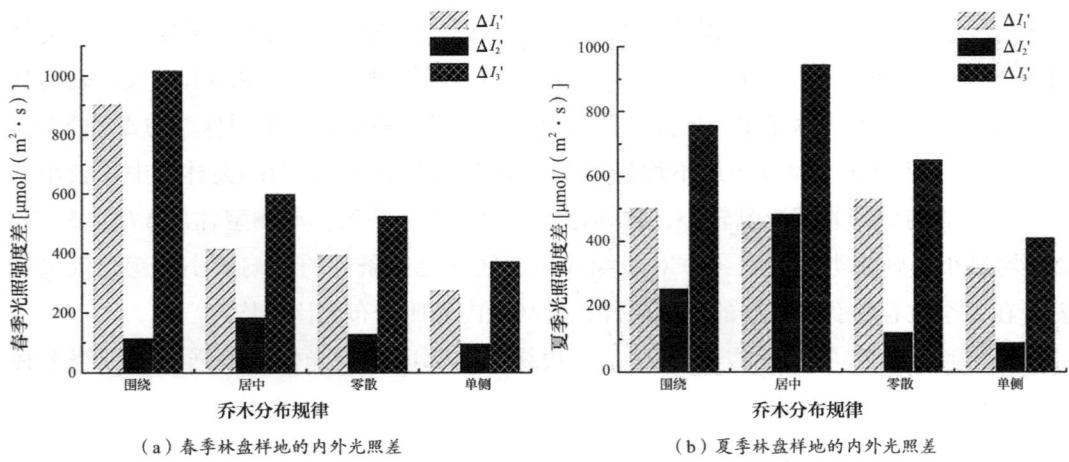

（a）春季林盘样地的内外光照差　　　　　（b）夏季林盘样地的内外光照差

图2-4　4类林盘样地四季的内外光照差

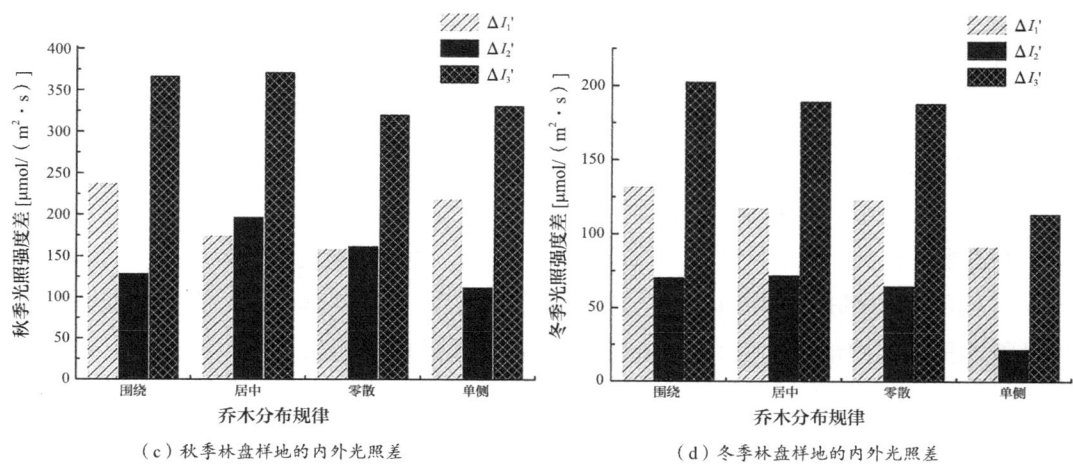

（c）秋季林盘样地的内外光照差　　　　　　　　（d）冬季林盘样地的内外光照差

图2-4　4类林盘样地四季的内外光照差（续）

## 2.3 林盘样地的四季风速变化特征

川西平原多为微风或静风状态。据测量数据可知，在春季，林盘外部区域平均风速约为0.69m/s，边缘区域平均风速约为0.60m/s，内部区域平均风速约为0.53m/s，均呈现出软风状态（图2-5a）。在春季，风环境整体呈现出从外向内依次递减的趋势，但减小的幅度不大。将林盘外部、边缘、内部区域测得的风速两两求差值分别得到外部和边缘区域的风速差 $\Delta W_1$，边缘和内部区域的风速差 $\Delta W_2$，外部和内部区域的风速差 $\Delta W_3$。$\Delta W_1$中负值所占的比例为33.33%，正值所占的比例为41.67%，其风速差值为0；$\Delta W_2$ 和 $\Delta W_3$ 中负值所占的比例为33.33%，正值所占的比例为58.33%，则说明在春季，林盘对边缘和内部区域有一定的防风作用，但效果不明显，边缘和内部区域的风速无明显差距。

样本分别计算围绕型、居中型、零散型和单侧型林盘的外部和内部区域的风速差 $\Delta W_1{}'$，边缘和内部区域的风速差 $\Delta W_2{}'$，外部和内部区域的风速差 $\Delta W_3{}'$，绘制出图2-6a。由图可知，围绕型林盘的 $\Delta W_1{}'$ 为0，$\Delta W_2{}'$ 和 $\Delta W_3{}'$ 均为正值，则该类林盘呈现出 $W_外 = W_缘 > W_内$ 的状态，则该类型林盘仅对内部区域有防风作用，对边缘风速无影响。居中型林盘的 $\Delta W_1{}'$ 为负值，$\Delta W_2{}'$ 和 $\Delta W_3{}'$ 均为正值，表明该类林盘仅对内部区域有防风作用，对其边缘区域的风速甚至有增强趋势。零散型林盘 $\Delta W_2{}'$ 为负值，$\Delta W_1{}'$ 和 $\Delta W_3{}'$ 均为正值，则该类林盘的 $W_外 > W_内 > W_缘$；同时，该类林盘 $\Delta W_1{}'$ 和 $\Delta W_3{}'$ 明显高于其余3类林盘，则该类林盘对边缘和内部区域的防风作用最好。单侧型林盘 $\Delta W_1{}'$、

$\Delta W_2'$和$\Delta W_3'$均为正值，则该类林盘$W_{外}>W_{缘}>W_{内}$，即林盘对边缘和内部区域的风速均有减缓作用，但效果不明显，尤其对边缘风速影响很小。

总的来看，在春季，零散型林盘的3个区域风速之间的差距最大，林盘对边缘和内部区域风速的影响也最大，能在春季有效地减缓外部风速；居中型林盘对边缘和内部区域风速的影响最小，防风效果最差。

在夏季，林盘外部区域的平均风速约为0.13m/s，边缘区域的平均风速约为0.06m/s，内部区域的平均风速约为0.16m/s，呈现出静风状态，比春季风速更低。林盘样地风环境整体呈现出内部风速最大，外部次之，边缘风速最小的状态，即$W_{内}>W_{外}>W_{缘}$，但三者差距不大（图2-5b）。

综合来看，在夏季，林盘对边缘和内部区域风速均有影响，但影响的方向相反，对边缘区域为减弱，对内部区域为加强，但总体影响能力有限。

围绕型和零散型林盘的$\Delta W_1'$为正值，$\Delta W_2'$和$\Delta W_3'$均为负值，两类林盘均呈现出$W_{内}>W_{外}>W_{缘}$的状态（图2-6b）。其中围绕型林盘$\Delta W_1'$和$\Delta W_3'$最小，防风作用最不明显。零散型林盘的$\Delta W_1'$仅次于居中型林盘，对边缘区域有较好的防风作用；但其$\Delta W_2'$和$\Delta W_3'$最小，内部风速分布最不均匀。居中型林盘的内部与外部风速相同，均大于边缘风速，即$W_{外}=W_{内}>W_{缘}$；该类林盘的$\Delta W_1'$最大，对边缘区域的阻风滞风作用最明显，防风能力最强。单侧型林盘的$W_{外}>W_{缘}>W_{内}$，其对边缘区域风速的阻滞能力最弱；同时，其$\Delta W_2'$的绝对值最小，林盘内部风速分布最均匀；其$\Delta W_3'$则为4类林盘中最大，该类林盘对内部风速的阻滞作用最明显，即防风能力最好。

总的看来，在夏季，4类林盘对边缘和内部区域的风速有一定的影响，但作用非常有限，居中型林盘防风作用最好，围绕型和单侧型最差，仅有单侧型林盘对内部区域有一定的防风作用。

在秋季，林盘外部区域平均风速约为0.34m/s，边缘区域的平均风速约为0.27m/s，内部区域平均风速约为0.09m/s，呈现静风状态（图2-5c）。林盘样地风环境整体呈现出$W_{外}>W_{缘}>W_{内}$，但三者差距不大。$\Delta W_1$中正值所占的比例为50%，外部风速与边缘风速的差距不大；$\Delta W_2$正值所占的比例为58.33%，边缘风速大于内部风速的样本稍多；$\Delta W_3$中有8组数据为正值，3组数据为0，正值所占的比例为66.67%。

综合来看，在秋季，林盘对边缘区域风速影响不明显，对内部区域风速有一定的影响。

4类林盘中，除了居中型林盘的$\Delta W_1'$为负值外，其余林盘的$\Delta W_1'$、$\Delta W_2'$和$\Delta W_3'$均为正值，即其余3类林盘风速分布均为从外向内依次减小，即$W_{外}>W_{缘}>W_{内}$（图2-6c）。

而居中型林盘的风速分布情况为边缘风速最大，外部次之，内部最小，即 $W_{缘} > W_{外} > W_{内}$。其中，围绕型林盘 $\Delta W_1'$ 和 $\Delta W_3'$ 均为最大，表明其对边缘和内部区域的风速影响最大，防风作用最好，其 $\Delta W_2'$ 仅小于居中型林盘，林盘内部区域风速分布较不均匀。居中型林盘对边缘区域无防风作用，但 $\Delta W_3'$ 仅次于围绕型林盘，体现了对内部区域较好的防风作用，内部区域风速分布最不均匀。零散型林盘 $\Delta W_1'$、$\Delta W_2'$ 和 $\Delta W_3'$ 大小非常接近，防风效果最差，但林盘内部区域风速分布最均匀。

总的来说，在秋季，4 类林盘对边缘和内部区域风速有一定的影响，但由于秋季林盘周边本来风速就不高，所以影响十分有限，围绕型林盘在秋季对边缘和内部区域的防风作用最好，居中型林盘对边缘区域风速有加剧作用，而零散型林盘对内部区域风速的减弱能力最差，且内部风速分布最均匀。

在冬季（图 2-5d），样地外部区域平均风速约为 0.49m/s，边缘区域平均风速约为 0.46m/s，内部区域的平均风速约为 0.21m/s，与夏季和秋季相比，冬季的风速更高。各区域的平均风速呈现出 $W_{外} > W_{缘} > W_{内}$ 的趋势，且外部和边缘区域差距最大（图 2-6）。$\Delta W_1$ 中有一组数据为 0，正值所占的比例为 33.33%，表明林盘对边缘区域的防风效果不明显；$\Delta W_2$ 中正值所占的比例为 91.67%，表明绝大多数样地的边缘风速大于内部风速；$\Delta W_3$ 中有一组数据为 0，正值所占比例为 50%，样地从数量上没有明显的倾向。

以上数据表明，在冬季，林盘对边缘区域的风速有一定的影响，但效果不明显，反而林盘边缘和内部区域的风速差距比较明显。

4 类林盘中（图 2-6d），围绕型和零散型林盘的情况相同，$\Delta W_1'$ 均为负值，$\Delta W_2'$ 和 $\Delta W_3'$ 值均为正值，即 $W_{缘} > W_{外} > W_{内}$；而居中型和单侧型林盘则 $W_{外} > W_{缘} > W_{内}$。在冬季，围绕型林盘对其边缘区域风速的阻滞作用较弱；其 $\Delta W_3'$ 仅大于居中型林盘，防风能力较弱。居中型林盘的 $\Delta W_1'$ 仅次于单侧型林盘，则该类林盘对其边缘区域的风速有较强的阻滞作用，此外，该类林盘 $\Delta W_2'$ 和 $\Delta W_3'$ 均最小，则对其内部区域的防风效果最差，但林盘内部区域的风速最均匀。零散型林盘的 $\Delta W_1'$ 最小、$\Delta W_2'$ 最大，显示出其对边缘区域无防风作用，且内部风速最不均匀。单侧型林盘的 $\Delta W_1'$ 和 $\Delta W_3'$ 均最大，该类林盘对边缘和内部区域风速影响最大，防风能力最强，能够有效降低其边缘和内部区域的风速。

总的来看，在冬季，单边型林盘对其边缘和内部区域的防风作用最好，能有效阻滞冬季寒风对内部居住环境的影响，提高居住环境的舒适度；零散型林盘在对其边缘区域风速的阻滞作用中表现最差；居中型林盘对其内部区域风速的阻滞作用最小。

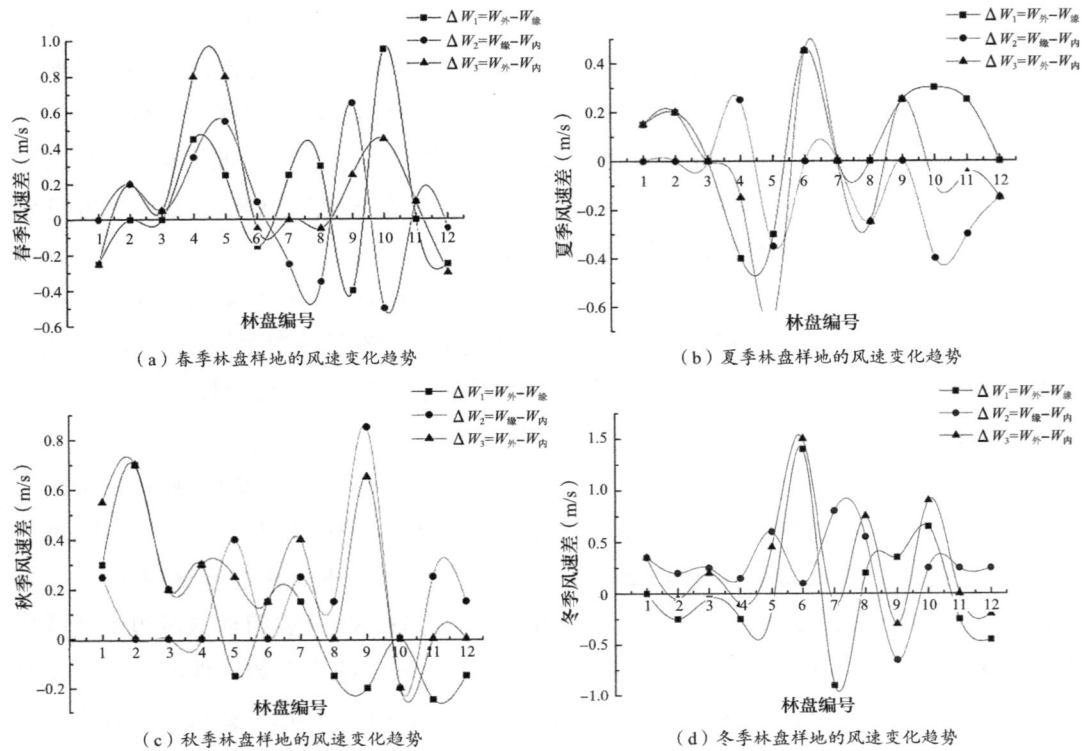

（a）春季林盘样地的风速变化趋势

（b）夏季林盘样地的风速变化趋势

（c）秋季林盘样地的风速变化趋势

（d）冬季林盘样地的风速变化趋势

图2-5　12个林盘样地四季内外风速差的变化趋势

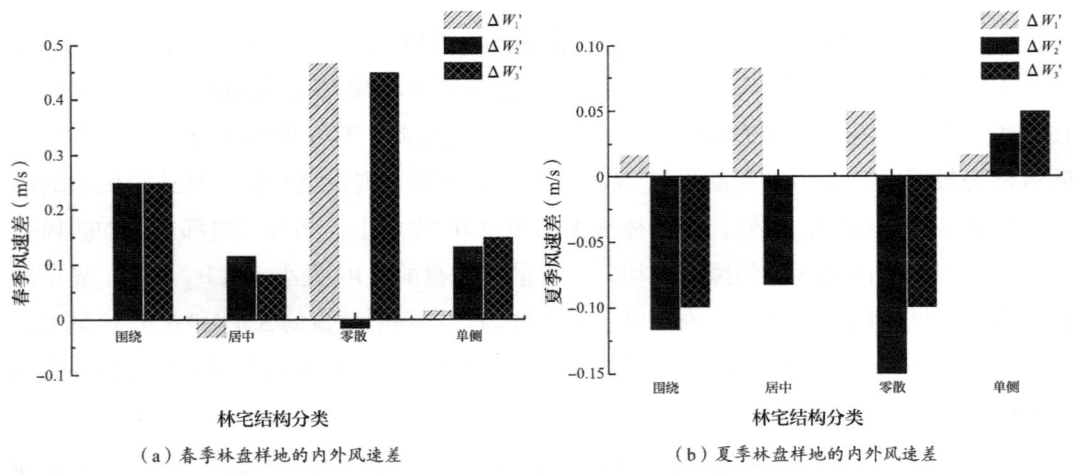

（a）春季林盘样地的内外风速差

（b）夏季林盘样地的内外风速差

图2-6　4类林盘样地四季的内外风速差

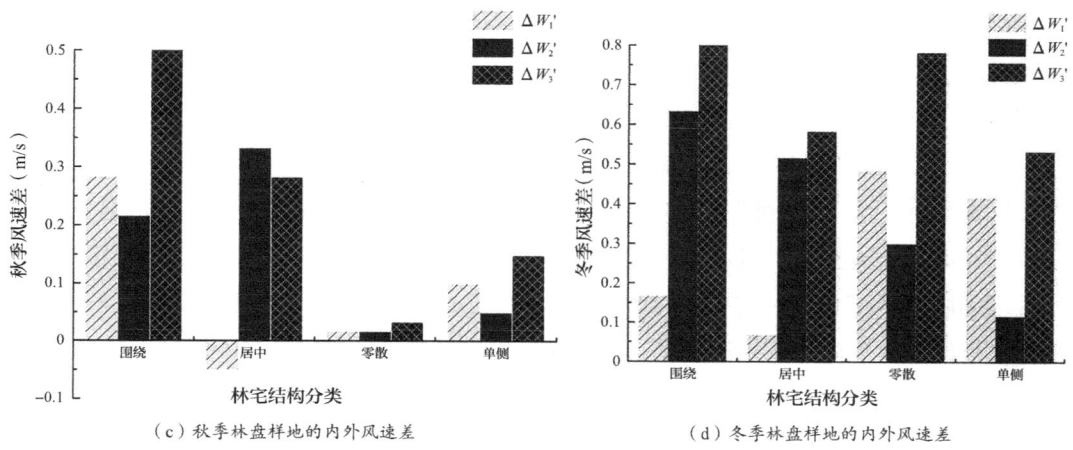

（c）秋季林盘样地的内外风速差　　　　（d）冬季林盘样地的内外风速差

图2-6　4类林盘样地四季的内外风速差（续）

## 2.4　林盘样地的四季相对湿度变化特征[①]

　　在春季，12个林盘样地外部区域的相对湿度（$H$）为33.14%，边缘区域为35.23%，内部区域为33.80%，各样地内外空气相对湿度大致呈现出$H_缘>H_内>H_外$的状态。将林盘外部、边缘和内部区域测得的相对湿度两两求差值分别得到外部和边缘的差值$\Delta H_1$，边缘和内部区域的差值$\Delta H_2$，外部和内部区域的差值$\Delta H_3$（图2-7a）。$\Delta H_1$的负值所占的比例为75%，故大部分林盘样地呈现出$H_外<H_缘$，即外部区域相对湿度低于边缘区域的状态，平均约低2.09%。$\Delta H_2$在-2.65%~5.45%之间波动，其中正值所占的比例为58.33%，故样本林盘边缘和内部区域的相对湿度无明显差别。$\Delta H_3$在-5.55%~2.95%之间波动，其中正值所占的比例为66.67%，说明样本林盘外部和内部区域的相对湿度差别也不明显。

　　在春季，围绕型林盘表现为$H_外<H_缘<H_内$，边缘和内部区域的相对湿度差值最小，林盘内部区域的空气相对湿度分布最均匀，且该类林盘的$\Delta H_3'$明显小于其余三类林盘，其对内部区域的增湿作用最强（图2-8a）。居中型林盘与单侧型林盘的$\Delta H_1'$和$\Delta H_3'$均为负值，$\Delta H_2'$为正值，则这两类林盘的平均空气相对湿度呈现出$H_外<H_内<H_缘$的状态。其中，居中型林盘的$\Delta H_1'$仅大于单侧型林盘，其$\Delta H_3'$仅小于零散型林盘，呈现出该类林盘对其边缘和内部区域的增湿作用均较弱。单侧型林盘对其边缘区域的增湿作用最弱，对其内部区域的增湿作用较强。零散型林盘呈现出$H_内<H_外<H_缘$的状态，其$\Delta H_1'$最小，对其边缘区域的增湿作用最强，但林盘内的相对湿度最不均匀。

---

[①] 在方法中，已经明确后文用相对湿度的简称代替空气相对湿度。

总的来看，在春季，林盘对其边缘区域有一定的增湿作用，但对其内部区域的增湿作用不明显。零散型林盘对其边缘区域的相对湿度影响最大，增湿作用最强，而单侧型则最弱；围绕型林盘对内部区域相对湿度的影响最大，增湿作用最强，而零散型则最弱。

在夏季（图2-7b），12个林盘样地外部区域的平均相对湿度为61.1%，林盘边缘和内部区域的相对湿度分别为62.05%和62.26%。与林盘外部区域相比，林盘边缘和内部区域相对湿度略有提升。其中，围绕型林盘的相对湿度$H_缘 > H_内 > H_外$，表明该类林盘对其边缘和内部区域均有一定的增湿作用，且对边缘区域的增湿作用更强（图2-8b）。居中型林盘的相对湿度分布情况为$H_内 > H_外 > H_缘$，即该类林盘对其内部区域有增湿作用，但对边缘没有。零散型林盘的相对湿度分布情况为$H_外 > H_缘 > H_内$。而单侧型林盘相对湿度分布情况则为$H_内 > H_缘 > H_外$，表明单侧型林盘对其边缘和内部区域均有增湿作用。横向对比来看，在夏季，林盘对其边缘区域的增湿作用不明显，对其内部区域有一定的增湿作用，其中，围绕型林盘对其边缘区域的增湿作用最明显，单侧型林盘对其内部区域的增湿作用最明显。

在秋季，12个林盘样地外部区域的相对湿度为63.15%，边缘和内部区域的相对湿度分别为62.82%和63.04%（图2-7c）。由此可见，边缘和内部区域的相对湿度均小于其外部区域。在秋季，林盘对其边缘和内部区域有降低相对湿度的作用，但影响程度较小。

图2-8（c）显示围绕型和居中型林盘的相对湿度分布状况为$H_内 > H_外 > H_缘$，林盘对其内部区域有增加其相对湿度的作用，但对其边缘区域则无。居中型林盘的$\Delta H_1'$值仅次于单侧型林盘，该类林盘对其边缘区域的降湿作用较强，且林盘内部区域的相对湿度分布最不均匀。零散型和单侧型林盘的相对湿度的分布状况为$H_外 > H_缘 > H_内$。其中零散型林盘的$\Delta H_1'$最小，其$\Delta H_3'$仅次于单侧型林盘，该类林盘对内部区域有较强的降湿作用。单侧型林盘的$\Delta H_1'$最大，对其边缘区域的降湿作用最强，$\Delta H_3'$也最大，表明对其内部区域的降湿作用最强。总的来看，在秋季，四类林盘对其边缘均无增湿作用。零散型林盘的边缘区域相对湿度的降低幅度最小，单侧型最大；居中型林盘对其内部区域增湿作用最强，且内部区域相对湿度分布最不均匀，而单侧型正相反，对其内部区域的降湿效果最好。

在冬季（图2-7d），12个林盘样地外部区域的相对湿度为42.18%，其边缘和内部区域的相对湿度为43.80%和44.33%。其中，围绕型林盘的$\Delta H_1'$最大，此类林盘对边缘区域的增湿作用最弱（图2-8d）。居中型林盘的$\Delta H_1'$最小，该类林盘的增湿效果最好；其$\Delta H_2'$的绝对值最小，内部区域的相对湿度分布最为均匀。零散型林盘的$\Delta H_2'$的绝对值最大，其内部区域的相对湿度分布最不均匀；该类林盘的$\Delta H_3'$值最小，即林盘对其内部区域的增湿作用最明显。单侧型林盘的 $\Delta H_3'$ 最大，则对其内部区域的增湿作用最弱。总的来看，在冬季，林盘对其边缘和内部区域均有增湿作用，且对其内部区域增湿作用更强。居中型林盘对其边缘区域增湿作用最强，围绕型最弱；零散型林盘对其内部区域的增湿作用最强，单侧型最弱。

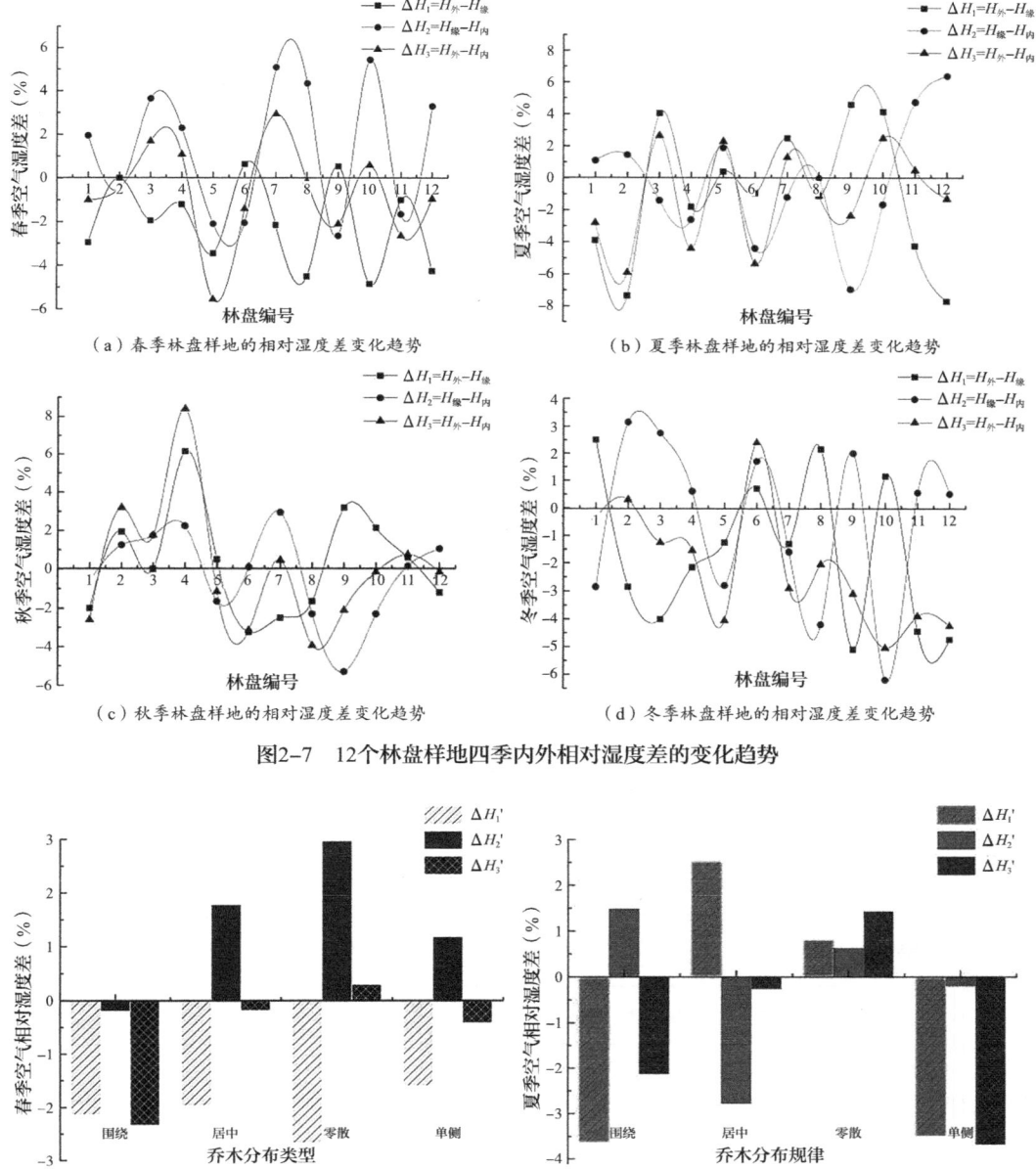

（a）春季林盘样地的相对湿度差变化趋势　（b）夏季林盘样地的相对湿度差变化趋势

（c）秋季林盘样地的相对湿度差变化趋势　（d）冬季林盘样地的相对湿度差变化趋势

**图2-7　12个林盘样地四季内外相对湿度差的变化趋势**

（a）春季林盘样地的内外相对湿度差　　　　（b）夏季林盘样地的内外相对湿度差

**图2-8　4类林盘样地四季的内外相对湿度差**

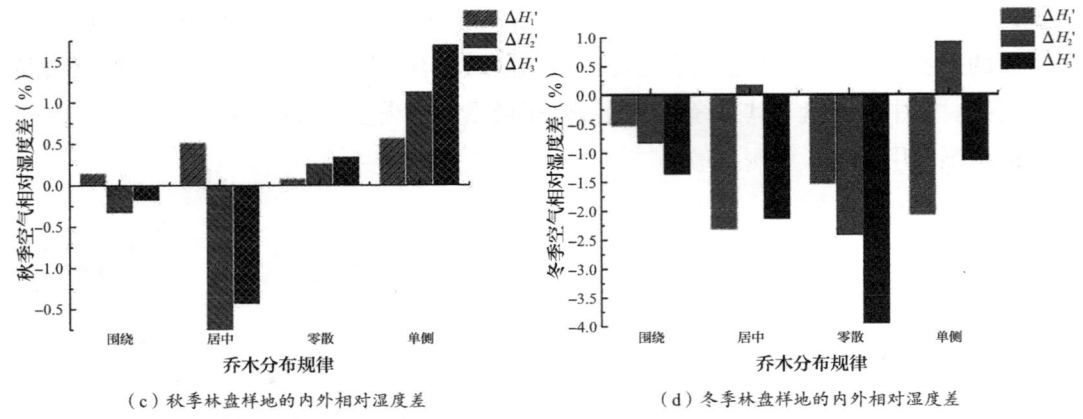

（c）秋季林盘样地的内外相对湿度差　　　　　　（d）冬季林盘样地的内外相对湿度差

图2-8　4类林盘样地四季的内外相对湿度差（续）

## 2.5　影响林盘样地内部微气候差异的关键因子分析

影响微气候变化的因素复杂多样。如绿色空间的温度通常由光、风和其他因素之间的相互作用决定。各种因素的作用和重要性因环境条件而异，因素之间存在复杂的交互关系。为了阐明相互关系，本书采用皮尔逊（Pearson）相关分析比较在不同季节，影响林盘微气候的各类参数之间的关系。总体而言（表2-1），在春夏秋三季，温度和光照强度均呈现极显著的正相关关系。但在冬季，气温与风速呈显著负相关。这一结果与前人的研究有一定的相似性，均说明光照强度可能是影响绿地内部温度的关键因素。且林盘的建筑密度在不同季节，还分别与林盘内部的温度、相对湿度和风速呈现负相关关系。在秋季，林盘的内部区域温度还与林盘面积呈正相关。

表2-1　微气候参数与林盘特征因子的关联分析

| 季节 | 参数 | 温度（℃） | 光照 [μmol/(m²·s)] | 风速（m/s） | 相对湿度（%） | 面积（m²） | 建筑密度 |
|------|------|-----------|--------------------|-------------|----------------|------------|----------|
| 春季 | 温度 | — | 0.574** | — | — | — | −0.750** |
| | 光照强度 | 0.574** | — | — | — | — | — |
| | 风速 | — | — | — | — | — | — |
| | 相对湿度 | — | — | — | — | — | — |

续表

| 季节 | 参数 | 温度（℃） | 光照［μmol/（m²·s）］ | 风速（m/s） | 相对湿度（%） | 面积（m²） | 建筑密度 |
|---|---|---|---|---|---|---|---|
| 夏季 | 温度 | — | 0.531** | — | –0.772** | — | — |
| | 光照强度 | 0.531** | — | — | — | — | — |
| | 风速 | — | — | — | — | — | — |
| | 相对湿度 | –0.772** | — | — | — | — | — |
| 秋季 | 温度 | — | 0.444** | –0.339* | — | 0.840** | — |
| | 光照强度 | 0.444** | — | — | — | — | — |
| | 风速 | –0.339* | — | — | — | — | –0.664* |
| | 相对湿度 | — | — | — | — | –0.838** | — |
| 冬季 | 温度强度 | — | — | –0.903* | — | — | — |
| | 光照 | — | — | — | — | — | — |
| | 风速 | –0.903* | — | — | — | — | — |
| | 相对湿度 | — | — | — | — | — | –0.60* |

注：**表明Pearson相关性极其显著（$p<0.01$）；*表明Pearson相关性显著（$p<0.05$）。

## 第 3 章

# 川西林盘对周边环境微气候的
# 辐射影响

林盘植被除了能调节林盘内部微气候外，还可能给林盘外部环境带来影响。本章证明了林盘对周边环境微气候的影响距离通常在5m之内，定量揭示了林盘特征（面积、周长、乔木覆盖率）与影响距离之间的相互关系，为林盘间的空间改善、新农村建设及人居环境营造提供参考依据。

# 3.1 春季结果分析

### 3.1.1 林盘对周边环境温度的辐射影响

在春季，由对36个林盘周边0m、5m、10m、15m、20m范围内的温度测量可知，林盘边缘（0m）的平均温度为20.04℃，5m处的平均温度为21.50℃，10m处的平均温度为21.48℃，15m处的平均温度为21.36℃，20m处的平均温度为21.18℃。同时将相邻测点数据两两求差值（$\Delta T$），$\Delta T_1 = T_a(5m) - T_a(0m)$，$\Delta T_2 = T_a(10m) - T_a(5m)$，$\Delta T_3 = T_a(15m) - T_a(10m)$，$\Delta T_4 = T_a(20m) - T_a(15m)$，各差值情况如图3-1所示。$\Delta T_1$的平均温差为1.46℃，$\Delta T_2$的平均值为-0.01℃，$\Delta T_3$的平均值为-0.13℃，$\Delta T_4$的平均值为-0.17℃。由此可知，温度在0~5m之间的变化程度最大。四组温差值中，$\Delta T_1$均为正值，$\Delta T_2$的负值占52.78%，$\Delta T_3$的负值占69.44%，$\Delta T_4$的负值占72.22%，大部分林盘自5m处向外温度不再上升。从林盘边缘往外，温度并非呈现规律递增的趋势。

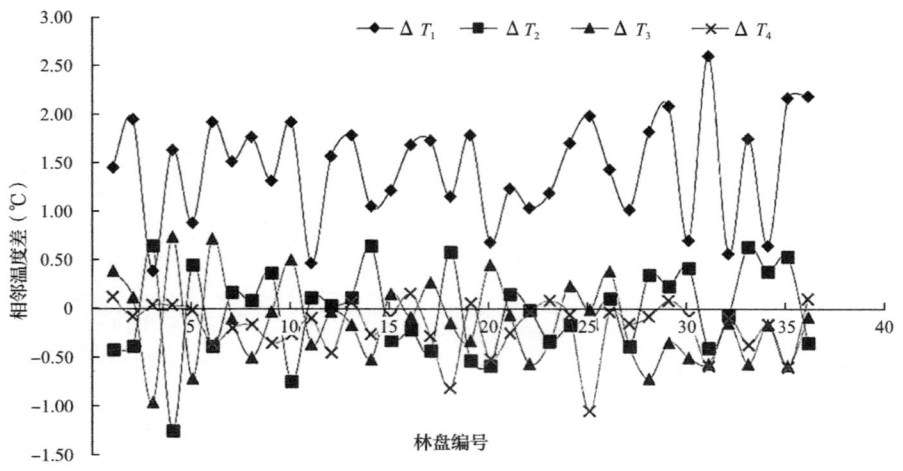

图3-1 春季36个林盘周边相邻区域的温度差

分别计算各林盘5m与0m、10m与0m、15m与0m、20m与0m处的差值，将其表示为$TB_1=T_5-T_0$、$TB_2=T_{10}-T_0$、$TB_3=T_{15}-T_0$、$TB_4=T_{20}-T_0$。在不同的分组条件（按照面积、周长、乔木覆盖率）下进行相邻差值差异显著性分析，显著性$S<0.05$则说明差异性显著，反之则差异性不显著，并根据差异显著性确定各区域林盘的影响范围（表3-1~表3-3）。由分析可知，春季林盘对周边环境的降温辐射影响范围基本保持在5m以内。

表3-1　春季林盘按面积分组的温度影响范围

| 面积（$\times 10^3 m^2$） | 差异显著性（sig.） | | | 影响范围（m） |
|---|---|---|---|---|
| | $S_1$（$TB_1$与$TB_2$） | $S_2$（$TB_2$与$TB_3$） | $S_3$（$TB_3$与$TB_4$） | |
| <5 | 0.481 | 0.860 | 0.928 | 5 |
| 5~10 | 0.782 | 0.708 | 0.648 | 5 |
| 10~15 | 0.319 | 0.152 | 0.101 | 5 |
| 15~20 | 0.839 | 0.702 | 0.574 | 5 |
| 20~25 | 0.160 | 0.241 | 0.767 | 5 |
| 25~30 | 0.301 | 0.822 | 0.822 | 5 |
| 30~35 | 0.631 | 0.689 | 0.013 | 5 |
| 35~40 | 0.181 | 0.838 | 0.577 | 5 |
| 40~45 | 0.727 | 0.231 | 0.595 | 5 |
| 45~50 | 0.556 | 0.920 | 0.950 | 5 |
| 50~55 | 0.985 | 0.461 | 0.067 | 5 |
| 55~60 | 1.000 | 0.312 | 0.838 | 5 |
| 60~65 | 0.554 | 0.482 | 0.979 | 5 |
| 65~70 | 0.730 | 0.596 | 0.617 | 5 |
| 70~75 | 0.249 | 0.435 | 0.574 | 5 |
| 75~80 | 0.598 | 0.147 | 0.270 | 5 |

表3-2　春季林盘按周长分组的温度影响范围

| 周长（m） | 差异显著性（sig.） | | | 影响范围（m） |
|---|---|---|---|---|
| | $S_1$（$TB_1$与$TB_2$） | $S_2$（$TB_2$与$TB_3$） | $S_3$（$TB_3$与$TB_4$） | |
| 150~250 | 0.957 | 0.823 | 0.949 | 5 |
| 250~350 | 0.513 | 0.646 | 0.868 | 5 |

| 周长（m） | 差异显著性（sig.） | | | 影响范围（m） |
|---|---|---|---|---|
| | $S_1$（$TB_1$与$TB_2$） | $S_2$（$TB_2$与$TB_3$） | $S_3$（$TB_3$与$TB_4$） | |
| 350~450 | 0.108 | 0.155 | 0.117 | 5 |
| 450~550 | 0.573 | 0.870 | 0.744 | 5 |
| 550~650 | 0.342 | 0.451 | 0.491 | 5 |
| 650~750 | 0.240 | 0.809 | 0.809 | 5 |
| 750~850 | 0.815 | 0.711 | 0.360 | 5 |
| 850~950 | 0.696 | 0.323 | 0.823 | 5 |
| 950~1050 | 0.561 | 0.669 | 0.235 | 5 |
| 1050~1150 | 0.781 | 0.708 | 0.869 | 5 |
| 1250~1350 | 0.726 | 0.284 | 0.750 | 5 |
| 1350~1450 | 0.254 | 0.134 | 0.280 | 5 |
| >1450 | 0.094 | 0.212 | 0.105 | 5 |

表3-3　春季林盘按乔木覆盖率分组的温度影响范围

| 乔木覆盖率（%） | 差异显著性（sig.） | | | 影响范围（m） |
|---|---|---|---|---|
| | $S_1$（$TB_1$与$TB_2$） | $S_2$（$TB_2$与$TB_3$） | $S_3$（$TB_3$与$TB_4$） | |
| 53~56 | 0.182 | 0.054 | 0.874 | 5 |
| 56~59 | 0.127 | 0.031 | 0.674 | 15 |
| 59~62 | 0.701 | 1.000 | 0.332 | 5 |
| 62~65 | 0.502 | 0.227 | 0.065 | 5 |
| 65~68 | 0.498 | 0.711 | 0.533 | 5 |
| 68~71 | 0.747 | 0.585 | 0.612 | 5 |
| 71~74 | 0.167 | 0.600 | 0.958 | 5 |
| 74~77 | 0.894 | 0.649 | 0.500 | 5 |
| 77~80 | 0.573 | 0.655 | 0.905 | 5 |
| 80~83 | 0.553 | 0.395 | 0.828 | 5 |
| >83 | 0.867 | 0.847 | 0.633 | 5 |

通过SPSS对面积、周长、乔木覆盖率与其对周边温度影响范围（5m）的相关性（表3–4）分析，可知春季在林盘周边5m范围内，林盘对周边温度的影响程度与林盘面积、周长和乔木覆盖度不存在线性相关。

表3–4　春季林盘特征与温度影响程度的相关性分析

| | | 林盘面积（$m^2$） | 林盘周长（m） | 乔木覆盖率（%） |
|---|---|---|---|---|
| 温度影响程度 | 显著性$P$ | 0.215 | 0.748 | 0.740 |
| | 相关系数$R$ | 0.328 | 0.099 | 0.113 |

### 3.1.2　林盘对周边环境湿度的辐射影响

在春季，林盘边缘（0m）处的相对湿度为45.70%，5m处的相对湿度为44.39%，10m处的相对湿度为43.59%，15m处的相对湿度为41.76%，20m处的相对湿度为41.61%。总体表现出距林盘边缘的距离越远、湿度越小的趋势（$H_0 > H_5 > H_{10} > H_{15} > H_{20}$），表明林盘对其周边具有一定的增湿作用。同时，将相邻测点数据两两求差值（$\Delta H$），$\Delta H_1 = H(5m) - H(0m)$，$\Delta H_2 = H(10m) - H(5m)$，$\Delta H_3 = H(15m) - H(10m)$，$\Delta H_4 = H(20m) - H(15m)$，各差值情况如图3–2所示。$\Delta H_1$的平均值为–1.31%，$\Delta H_2$的平均值为–0.8%，$\Delta H_3$的平均值为–1.82%，$\Delta H_4$的平均值为–0.15%，最大湿度差出现在10～15m，最小湿度差出现在15～20m。4组差值中，$\Delta H_1$均为负值，即$H_5 < H_0$；$\Delta H_2$、$\Delta H_3$和$\Delta H_4$的负值分别占69.4%、80.56%和63.89%，即绝大多数林盘满足$H_0 > H_5 > H_{10} > H_{15} > H_{20}$。

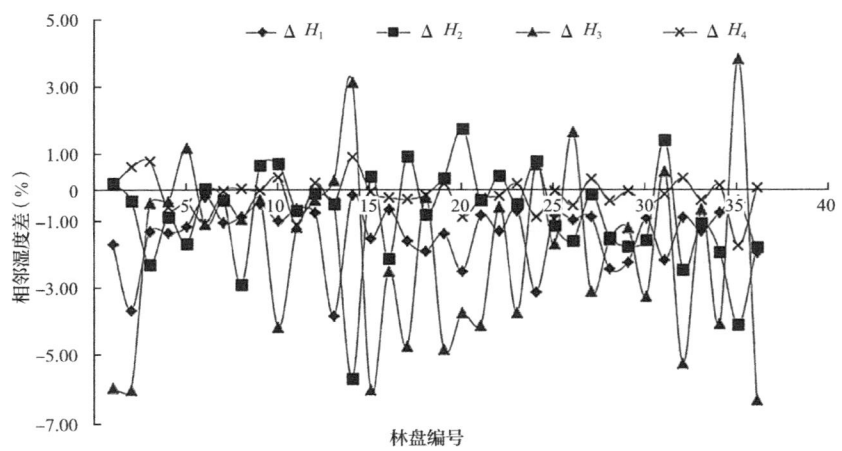

图3–2　春季36个林盘周边相邻区域的湿度差情况

分别计算各林盘5m与0m、10m与0m、15m与0m、20m与0m处的湿度差，表示为 $HB_1 = H_5-H_0$、$HB_2 = H_{10}-H_0$、$HB_3 = H_{15}-H_0$、$HB_4 = H_{20}-H_0$。在不同的分组条件（按照面积、周长、乔木覆盖率）下，进行相邻差值差异显著性分析，根据差异显著性确定各区域林盘的影响范围（表3-5～表3-7）。由分析可知，春季林盘对周边湿度的辐射影响范围大部分保持在5m以内，部分林盘影响范围超过5m，但最大基本不超过15m。

表3-5 春季林盘按面积分组的湿度影响范围

| 面积（$\times 10^3 m^2$） | 差异显著性（$sig.$） | | | 影响范围（m） |
|:---:|:---:|:---:|:---:|:---:|
| | $S_1$（$HB_1$与$HB_2$） | $S_2$（$HB_2$与$HB_3$） | $S_3$（$HB_3$与$HB_4$） | |
| <5 | 0.651 | 0.092 | 0.875 | 5 |
| 5～10 | 0.223 | 0.801 | 0.706 | 5 |
| 10～15 | 0.542 | 0.088 | 0.865 | 5 |
| 15～20 | 0.530 | 0.229 | 0.461 | 5 |
| 20～25 | 0.011 | 0.112 | 0.774 | 10 |
| 25～30 | 0.224 | 0.000 | 0.822 | 10 |
| 30～35 | 0.877 | 0.012 | 0.790 | 10 |
| 35～40 | 0.017 | 0.000 | 0.439 | 15 |
| 40～45 | 0.961 | 0.060 | 0.842 | 10 |
| 45～50 | 0.840 | 0.155 | 0.744 | 5 |
| 50～55 | 0.107 | 0.968 | 0.733 | 5 |
| 55～60 | 0.349 | 0.016 | 0.995 | 10 |
| 60～65 | 0.005 | 0.001 | 0.597 | 15 |
| 65～70 | 0.852 | 0.352 | 0.966 | 5 |
| 70～75 | 0.185 | 0.044 | 0.924 | 10 |
| 75～80 | 0.271 | 0.639 | 0.751 | 5 |

表3-6 春季林盘按周长分组的湿度影响范围

| 周长（m） | 差异显著性（$sig.$） | | | 影响范围（m） |
|:---:|:---:|:---:|:---:|:---:|
| | $S_1$（$HB_1$与$HB_2$） | $S_2$（$HB_2$与$HB_3$） | $S_3$（$HB_3$与$HB_4$） | |
| 150～250 | 0.694 | 0.068 | 0.785 | 5 |
| 250～350 | 0.280 | 0.944 | 0.377 | 5 |
| 350～450 | 0.620 | 0.764 | 0.995 | 5 |

| 周长（m） | 差异显著性（sig.） | | | 影响范围（m） |
|---|---|---|---|---|
| | $S_1$（$HB_1$与$HB_2$） | $S_2$（$HB_2$与$HB_3$） | $S_3$（$HB_3$与$HB_4$） | |
| 450~550 | 0.878 | 0.000 | 0.474 | 10 |
| 550~650 | 0.234 | 0.531 | 0.873 | 5 |
| 650~750 | 0.224 | 0.000 | 0.822 | 10 |
| 750~850 | 0.466 | 0.013 | 0.655 | 10 |
| 850~950 | 0.912 | 0.049 | 0.948 | 10 |
| 950~1050 | 0.066 | 0.000 | 0.884 | 10 |
| 1050~1150 | 0.647 | 0.775 | 0.835 | 5 |
| 1250~1350 | 0.596 | 0.380 | 0.870 | 5 |
| 1350~1450 | 0.424 | 0.718 | 0.815 | 5 |
| ＞1450 | 0.364 | 0.010 | 0.808 | 10 |

表3-7　春季林盘按乔木覆盖率分组的湿度影响范围

| 乔木覆盖率（%） | 差异显著性（sig.） | | | 影响范围（m） |
|---|---|---|---|---|
| | $S_1$（$HB_1$与$HB_2$） | $S_2$（$HB_2$与$HB_3$） | $S_3$（$HB_3$与$HB_4$） | |
| 53~56 | 0.457 | 0.326 | 0.873 | 5 |
| 56~59 | 0.946 | 0.059 | 0.798 | 5 |
| 59~62 | 0.472 | 0.828 | 0.817 | 5 |
| 62~65 | 0.104 | 0.760 | 0.939 | 5 |
| 65~68 | 0.619 | 0.546 | 0.855 | 5 |
| 68~71 | 0.225 | 0.000 | 0.976 | 10 |
| 71~74 | 0.014 | 0.012 | 0.008 | ≥20 |
| 74~77 | 0.250 | 0.177 | 0.746 | 5 |
| 77~80 | 0.622 | 0.398 | 0.922 | 5 |
| 80~83 | 0.657 | 0.505 | 0.956 | 5 |
| ＞83 | 0.792 | 0.003 | 0.427 | 10 |

　　皮尔森相关性分析显示（表3-8），春季在林盘周边5m的影响范围内，周边环境的湿度变化程度与林盘面积、周长和乔木覆盖率不具有线性相关。

表3-8　春季林盘特征与湿度影响程度的相关性分析

| | | 林盘面积（m²） | 林盘周长（m） | 乔木覆盖率（%） |
|---|---|---|---|---|
| 湿度影响范围 | 显著性P | 0.425 | 0.567 | 0.443 |
| | 相关系数R | 0.214 | 0.175 | 0.258 |

### 3.1.3　林盘对周边环境风速的辐射影响

在春季，林盘边缘（0m）的平均风速为0.08m/s，5m处的平均风速为0.28m/s，10m处的平均风速为0.34m/s，15m处的平均风速为0.43m/s，20m处的平均风速为0.60m/s，大多数林盘边缘处的平均风速为0m/s，即为静风。同时将相邻测点数据两两求差值（$\Delta W$），$\Delta W_1 = W（5m）- W（0m）$，$\Delta W_2 = W（10m）- W（5m）$，$\Delta W_3 = W（15m）- W（10m）$，$\Delta W_4 = W（20m）- W（15m）$，各差值情况如图3-3所示。$\Delta W_1$的平均值为0.19m/s，$\Delta W_2$的平均值为0.06m/s，$\Delta W_3$的平均值为0.09m/s，$\Delta W_4$平均值为0.17m/s，最大风速差出现在林盘边缘5m范围内。4组风速差值中，$\Delta W_1$的值均大于或等于0。多数林盘满足$W_{20} > W_{15} > W_{10} > W_5 > W_0$的趋势，表明林盘的风速从边缘往外整体呈现递增的趋势。

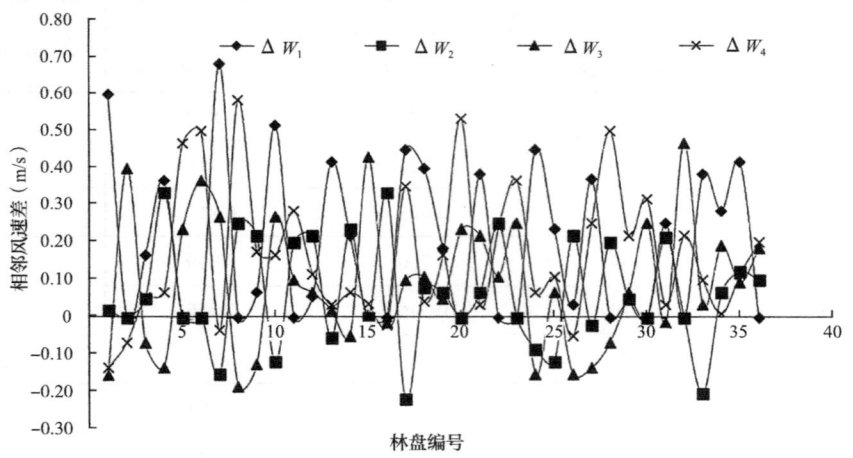

图3-3　春季36个林盘周边相邻区域的风速差

分别计算各林盘5m与0m、10m与0m、15m与0m、20m与0m处的风速差，表示为 $WB_1 = W_5 - W_0$、$WB_2 = W_{10} - W_0$、$WB_3 = W_{15} - W_0$、$WB_4 = W_{20} - W_0$。在不同的分组条件（按照面积、周长、乔木覆盖率）下，进行相邻差值差异显著性分析，根据差异显著性确定林盘对周边环境风速的影响范围（表3-9～表3-11）。由分析可知，在春季，多数林盘对其周边环境的风速辐射影响范围保持在5m内，极少数林盘超过5m，达到10m和15m。

表3-9　春季林盘按面积分组的风速影响范围

| 面积（$\times 10^3 m^2$） | 差异显著性（sig.） | | | 影响范围（m） |
|---|---|---|---|---|
| | $S_1$（$WB_1$与$WB_2$） | $S_2$（$WB_2$与$WB_3$） | $S_3$（$WB_3$与$WB_4$） | |
| <5 | 0.481 | 0.860 | 0.928 | 5 |
| 5~10 | 0.782 | 0.708 | 0.648 | 5 |
| 10~15 | 0.319 | 0.152 | 0.101 | 5 |
| 15~20 | 0.839 | 0.702 | 0.574 | 5 |
| 20~25 | 0.160 | 0.241 | 0.767 | 5 |
| 25~30 | 0.301 | 0.822 | 0.822 | 5 |
| 30~35 | 0.631 | 0.689 | 0.013 | 15 |
| 35~40 | 0.181 | 0.838 | 0.577 | 5 |
| 40~45 | 0.727 | 0.231 | 0.595 | 5 |
| 45~50 | 0.556 | 0.920 | 0.950 | 5 |
| 50~55 | 0.985 | 0.461 | 0.067 | 5 |
| 55~60 | 1.000 | 0.312 | 0.838 | 5 |
| 60~65 | 0.554 | 0.482 | 0.979 | 5 |
| 65~70 | 0.730 | 0.596 | 0.617 | 5 |
| 70~75 | 0.249 | 0.435 | 0.574 | 5 |
| 75~80 | 0.598 | 0.147 | 0.270 | 5 |

表3-10　春季林盘按周长分组的风速影响范围

| 周长（m） | 差异显著性（sig.） | | | 影响范围（m） |
|---|---|---|---|---|
| | $S_1$（$WB_1$与$WB_2$） | $S_2$（$WB_2$与$WB_3$） | $S_3$（$WB_3$与$WB_4$） | |
| 150~250 | 0.957 | 0.823 | 0.949 | 5 |
| 250~350 | 0.513 | 0.646 | 0.868 | 5 |
| 350~450 | 0.108 | 0.155 | 0.117 | 5 |
| 450~550 | 0.573 | 0.870 | 0.744 | 5 |
| 550~650 | 0.342 | 0.451 | 0.491 | 5 |
| 650~750 | 0.240 | 0.809 | 0.809 | 5 |
| 750~850 | 0.815 | 0.711 | 0.360 | 5 |
| 850~950 | 0.696 | 0.323 | 0.823 | 5 |
| 950~1050 | 0.561 | 0.669 | 0.235 | 5 |

| 周长（m） | 差异显著性（sig.） | | | 影响范围（m） |
|---|---|---|---|---|
| | $S_1$（$WB_1$与$WB_2$） | $S_2$（$WB_2$与$WB_3$） | $S_3$（$WB_3$与$WB_4$） | |
| 1050~1150 | 0.781 | 0.708 | 0.869 | 5 |
| 1250~1350 | 0.726 | 0.284 | 0.750 | 5 |
| 1350~1450 | 0.254 | 0.134 | 0.280 | 5 |
| >1450 | 0.094 | 0.212 | 0.105 | 5 |

表3-11　春季林盘按乔木覆盖率分组的风速影响范围

| 乔木覆盖率（%） | 差异显著性（sig.） | | | 影响范围（m） |
|---|---|---|---|---|
| | $S_1$（$WB_1$与$WB_2$） | $S_2$（$WB_2$与$WB_3$） | $S_3$（$WB_3$与$WB_4$） | |
| 53~56 | 0.182 | 0.054 | 0.874 | 5 |
| 56~59 | 0.127 | 0.031 | 0.674 | 10 |
| 59~62 | 0.701 | 1.000 | 0.332 | 5 |
| 62~65 | 0.502 | 0.277 | 0.065 | 5 |
| 65~68 | 0.498 | 0.711 | 0.533 | 5 |
| 68~71 | 0.747 | 0.585 | 0.612 | 5 |
| 71~74 | 0.167 | 0.600 | 0.958 | 5 |
| 74~77 | 0.894 | 0.649 | 0.500 | 5 |
| 77~80 | 0.573 | 0.655 | 0.905 | 5 |
| 80~83 | 0.553 | 0.395 | 0.828 | 5 |
| >83 | 0.867 | 0.847 | 0.633 | 5 |

皮尔森相关性分析显示，在5m的影响范围内，林盘春季对周边环境的风速影响程度与林盘面积、周长、乔木覆盖率不存在线性相关。

### 3.1.4　林盘对周边环境光照强度的辐射影响

在春季，林盘边缘（0m）的平均光照强度为174.01μmol/（m²·s），5m处的平均光照强度为313.79μmol/（m²·s），10m处的平均光照强度为342.56μmol/（m²·s），15m处的平均光照强度为345.83μmol/（m²·s），20m处的平均光照强度为346.60μmol/（m²·s）。同时将相邻测点数据两两求差值（$\Delta I$），$\Delta I_1 = I$（5m）$- I$（0m），$\Delta I_2 = I$（10m）$- I$（5m），$\Delta I_3 = I$（15m）$- I$（10m），$\Delta I_4 = I$（20m）$- I$（15m）。$\Delta I_1$的平均值

为139.78μmol/（m²·s），$\Delta I_2$的平均值为28.76μmol/（m²·s），$\Delta I_3$的平均值为3.28μmol/（m²·s），$\Delta I_4$的平均值为0.76μmol/（m²·s），最大光照差出现在林盘边缘5m范围内。4组光照差值中，$\Delta I_1$均为正值。从林盘边缘往外，光照强度总体上呈现依次递增的趋势，但光照强度的变化程度成逐渐减弱的趋势（图3-4），表明春季林盘对其周边范围具有一定的遮阳作用。

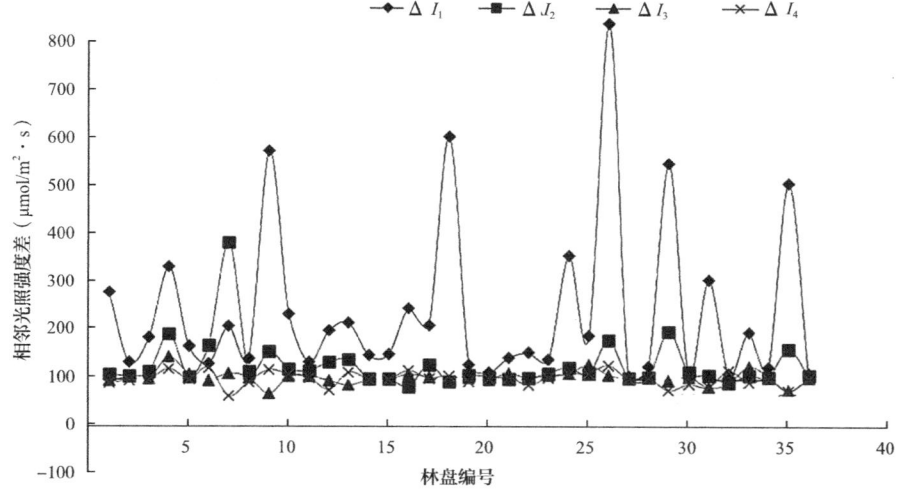

图3-4　春季36个林盘周边相邻区域的光照强度差

分别计算各林盘5m与0m、10m与0m、15m与0m、20m与0m处的光照强度差，表示为$IB_1 = I_5 - I_0$、$IB_2 = I_{10} - I_0$、$IB_3 = I_{15} - I_0$、$IB_4 = I_{20} - I_0$。在不同的分组条件（按照面积、周长、乔木覆盖率）下，进行相邻差值差异显著性分析（表3-12～表3-14）。由分析可知，在春季，林盘对周边相邻区域的光照辐射影响范围不超过5m。

表3-12　春季林盘按面积分组的光照影响范围

| 面积（×10³m²） | 差异显著性（sig.） | | | 影响范围（m） |
| --- | --- | --- | --- | --- |
| | $S_1$（$IB_1$与$IB_2$） | $S_2$（$IB_2$与$IB_3$） | $S_3$（$IB_3$与$IB_4$） | |
| <5 | 0.740 | 0.899 | 0.981 | 5 |
| 5～10 | 0.349 | 0.953 | 0.965 | 5 |
| 10～15 | 0.789 | 0.936 | 0.924 | 5 |
| 15～20 | 0.371 | 0.937 | 0.747 | 5 |
| 20～25 | 0.604 | 0.874 | 0.864 | 5 |
| 25～30 | 0.855 | 0.896 | 0.824 | 5 |

续表

| 面积（×10³m²） | 差异显著性（*sig.*） | | | 影响范围（m） |
|---|---|---|---|---|
| | $S_1$（$IB_1$与$IB_2$） | $S_2$（$IB_2$与$IB_3$） | $S_3$（$IB_3$与$IB_4$） | |
| 30~35 | 0.935 | 0.995 | 0.978 | 5 |
| 35~40 | 0.427 | 0.905 | 0.835 | 5 |
| 40~45 | 0.625 | 0.104 | 0.335 | 5 |
| 45~50 | 0.847 | 0.919 | 0.942 | 5 |
| 50~55 | 0.876 | 0.949 | 0.944 | 5 |
| 55~60 | 0.661 | 0.856 | 0.856 | 5 |
| 60~65 | 0.781 | 0.997 | 0.936 | 5 |
| 65~70 | 0.995 | 0.886 | 0.990 | 5 |
| 70~75 | 0.843 | 0.635 | 0.936 | 5 |
| 75~80 | 0.842 | 0.954 | 0.949 | 5 |

表3-13　春季林盘按周长分组的光照影响范围

| 周长（m） | 差异显著性（*sig.*） | | | 影响范围（m） |
|---|---|---|---|---|
| | $S_1$（$IB_1$与$IB_2$） | $S_2$（$IB_2$与$IB_3$） | $S_3$（$IB_3$与$IB_4$） | |
| 150~250 | 0.863 | 0.989 | 0.950 | 5 |
| 250~350 | 0.652 | 0.886 | 0.907 | 5 |
| 350~450 | 0.555 | 0.981 | 0.971 | 5 |
| 450~550 | 0.660 | 0.886 | 0.882 | 5 |
| 550~650 | 0.547 | 0.907 | 0.946 | 5 |
| 650~750 | 0.855 | 0.896 | 0.824 | 5 |
| 750~850 | 0.963 | 0.998 | 0.989 | 5 |
| 850~950 | 0.647 | 0.560 | 0.660 | 5 |
| 950~1050 | 0.647 | 0.476 | 0.763 | 5 |
| 1050~1150 | 0.914 | 0.979 | 0.968 | 5 |
| 1250~1350 | 0.849 | 0.987 | 0.946 | 5 |
| 1350~1450 | 0.887 | 0.992 | 0.958 | 5 |
| >1450 | 0.605 | 0.277 | 0.018 | 5 |

表3-14 春季林盘按乔木覆盖率分组的光照影响范围

| 乔木覆盖率（%） | 差异显著性（sig.） | | | 影响范围（m） |
| --- | --- | --- | --- | --- |
| | $S_1$（$IB_1$与$IB_2$） | $S_2$（$IB_2$与$IB_3$） | $S_3$（$IB_3$与$IB_4$） | |
| 53～56 | 0.798 | 0.896 | 0.901 | 5 |
| 56～59 | 0.349 | 0.952 | 0.898 | 5 |
| 59～62 | 0.895 | 0.968 | 0.963 | 5 |
| 62～65 | 0.543 | 0.803 | 0.595 | 5 |
| 65～68 | 0.711 | 0.974 | 0.997 | 5 |
| 68～71 | 0.803 | 0.956 | 0.997 | 5 |
| 71～74 | 0.644 | 0.828 | 0.919 | 5 |
| 74～77 | 0.949 | 0.984 | 0.999 | 5 |
| 77～80 | 0.895 | 0.962 | 0.962 | 5 |
| 80～83 | 0.639 | 0.832 | 0.975 | 5 |
| ＞83 | 0.439 | 0.814 | 0.784 | 5 |

确定林盘对光照的影响范围后，通过运用SPSS软件对林盘面积、周长、乔木覆盖率与对应光照影响程度的线性相关性进行分析，发现春季在影响距离内（5m），林盘对周边区域的光照辐射影响程度与林盘面积、周长和乔木覆盖度不存在线性相关。

## 3.2 夏季结果分析

### 3.2.1 林盘对周边环境温度的辐射影响

在夏季，36个林盘边缘（0m）的平均温度为33.32℃，5m处的平均温度为35.29℃，10m处的平均温度为34.97℃，15m处的平均温度为35.09℃，20m处的平均温度为34.91℃，36个林盘边缘处的温度均为最低。相邻测点温差值如图3-5所示。$\Delta T_1$的平均值为1.97℃，$\Delta T_2$的平均值为−0.32℃，$\Delta T_3$的平均值为−0.12℃，$\Delta T_4$的平均值为−0.18℃，0～5m的温差显著大于其他相邻测点温差。在4组差值中，$\Delta T_1$均为正值，但大部分林盘自5m向外温度不再上升。因此在夏季，林盘对其周边相邻区域具有一定的降温作用。

在不同的分组条件（按照面积、周长、乔木覆盖率）下，进行相邻差值差异显著性

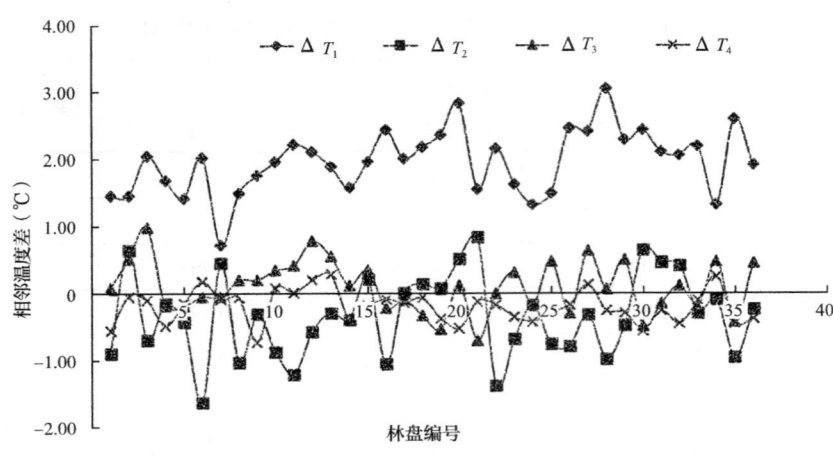

图3-5　夏季36个林盘周边相邻区域的温度差

分析，并根据差异显著性确定各区域林盘的温度影响范围（表3-15～表3-17）。由分析可知，在夏季，林盘对周边相邻区域的温度辐射影响范围多在5m以内。根据皮尔森相关性分析（表3-18）显示，在有效影响距离内（5m），林盘对周边温度的影响程度与林盘面积、周长、乔木覆盖率不存在线性相关。

表3-15　夏季林盘按面积分组的温度影响范围

| 面积（×10³m²） | 差异显著性（sig.） | | | 影响范围（m） |
|---|---|---|---|---|
| | $S_1$（$TB_1$与$TB_2$） | $S_2$（$TB_2$与$TB_3$） | $S_3$（$TB_3$与$TB_4$） | |
| <5 | 0.668 | 0.534 | 0.634 | 5 |
| 5～10 | 0.037 | 1.000 | 0.957 | 10 |
| 10～15 | 0.003 | 0.081 | 0.072 | 10 |
| 15～20 | 0.015 | 0.067 | 0.704 | 10 |
| 20～25 | 0.412 | 0.364 | 0.926 | 5 |
| 25～30 | 0.330 | 0.412 | 0.366 | 5 |
| 30～35 | 0.243 | 0.027 | 0.293 | 5 |
| 35～40 | 0.512 | 0.688 | 0.387 | 5 |
| 40～45 | 0.580 | 0.454 | 0.781 | 5 |
| 45～50 | 0.005 | 0.438 | 0.009 | ≥20 |
| 50～55 | 0.021 | 0.691 | 0.471 | 10 |
| 55～60 | 0.036 | 0.194 | 0.883 | 10 |

续表

| 面积（×10³m²） | 差异显著性（sig.） | | | 影响范围（m） |
| --- | --- | --- | --- | --- |
| | $S_1$（$TB_1$与$TB_2$） | $S_2$（$TB_2$与$TB_3$） | $S_3$（$TB_3$与$TB_4$） | |
| 60~65 | 0.682 | 0.926 | 0.153 | 5 |
| 65~70 | 0.000 | 1.000 | 0.000 | 10 |
| 70~75 | 0.496 | 0.508 | 0.708 | 5 |
| 75~80 | 0.085 | 0.911 | 0.222 | 5 |

表3-16　夏季林盘按周长分组的温度影响范围

| 周长（m） | 差异显著性（sig.） | | | 影响范围（m） |
| --- | --- | --- | --- | --- |
| | $S_1$（$TB_1$与$TB_2$） | $S_2$（$TB_2$与$TB_3$） | $S_3$（$TB_3$与$TB_4$） | |
| 150~250 | 0.715 | 0.501 | 0.787 | 5 |
| 250~350 | 0.070 | 0.733 | 0.698 | 10 |
| 350~450 | 0.458 | 0.724 | 0.485 | 5 |
| 450~550 | 0.000 | 0.000 | 0.274 | 15 |
| 550~650 | 0.411 | 0.302 | 0.921 | 5 |
| 650~750 | 0.366 | 0.845 | 0.783 | 5 |
| 750~850 | 0.669 | 0.878 | 0.694 | 5 |
| 850~950 | 0.808 | 0.474 | 0.717 | 5 |
| 950~1050 | 0.000 | 0.000 | 0.000 | ≥20 |
| 1050~1150 | 0.475 | 0.953 | 0.830 | 5 |
| 1250~1350 | 0.810 | 1.000 | 0.236 | 5 |
| 1350~1450 | 0.181 | 0.912 | 0.395 | 5 |
| >1450 | 0.729 | 0.055 | 0.459 | 5 |

表3-17　夏季林盘按乔木覆盖率分组的温度影响范围

| 乔木覆盖率（%） | 差异显著性（sig.） | | | 影响范围（m） |
| --- | --- | --- | --- | --- |
| | $S_1$（$TB_1$与$TB_2$） | $S_2$（$TB_2$与$TB_3$） | $S_3$（$TB_3$与$TB_4$） | |
| 53~56 | 0.224 | 0.366 | 0.985 | 5 |
| 56~59 | 0.000 | 0.831 | 0.324 | 10 |
| 59~62 | 0.031 | 0.252 | 0.130 | 5 |

| 乔木覆盖率（%） | 差异显著性（sig.） | | | 影响范围（m） |
|---|---|---|---|---|
| | $S_1$（$TB_1$与$TB_2$） | $S_2$（$TB_2$与$TB_3$） | $S_3$（$TB_3$与$TB_4$） | |
| 62～65 | 0.877 | 0.156 | 0.947 | 5 |
| 65～68 | 0.702 | 0.496 | 0.823 | 5 |
| 68～71 | 0.791 | 0.853 | 0.312 | 5 |
| 71～74 | 0.005 | 0.497 | 0.276 | 10 |
| 74～77 | 0.348 | 0.955 | 0.768 | 5 |
| 77～80 | 0.387 | 0.728 | 0.608 | 5 |
| 80～83 | 0.883 | 0.686 | 0.983 | 5 |
| >83 | 0.645 | 0.813 | 0.416 | 5 |

表3-18　夏季林盘特征与温度影响程度的相关性分析

| | | 林盘面积（$m^2$） | 林盘周长（m） | 乔木覆盖率（%） |
|---|---|---|---|---|
| 温度影响范围 | 显著性$P$ | 0.990 | 0.752 | 0.509 |
| | 相关系数$R$ | −0.003 | −0.097 | −0.224 |

## 3.2.2　林盘对周边环境湿度的辐射影响

在夏季，林盘边缘（0m）处的相对湿度为65.56%，5m处的相对湿度为66.57%，10m处的相对湿度为67.28%，15m处的相对湿度为69.61%，20m处的相对湿度为69.44%，整体表现为林盘边缘处的湿度最小。相邻测点的湿度差数值如图3-6所示。$\Delta H_1$的平均值为1.01%，$\Delta H_2$平均值为0.71%，$\Delta H_3$平均值为2.33%，$\Delta H_4$平均值为-0.17%，由此可知，10～15m的相对湿度变化最大，15～20m的平均空气相对湿度变化最小。4组差值中，$\Delta H_1$均为正值，10～15m间的变化程度最大，15～20m间的变化程度最小。从林盘边缘往外湿度呈现逐渐增大的趋势，表明在夏季，林盘对其周边相邻区域的湿度具有一定的降低作用。

在不同的分组条件（按照面积、周长、乔木覆盖率）下，进行相邻差值差异显著性分析，并根据差异显著性确定各区域林盘湿度的影响范围（表3-19～表3-21）。由分析可知，在夏季，林盘对周边相邻区域的湿度辐射影响范围最大不超过15m，最小为5m。

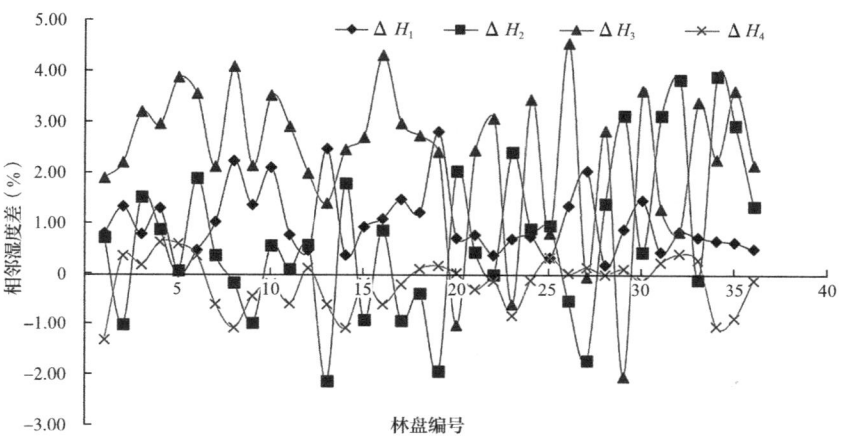

图3-6　夏季36个林盘周边相邻区域的湿度差

表3-19　夏季林盘按面积分组的湿度影响范围

| 面积（×10³m²） | 差异显著性（sig.） | | | 影响范围（m） |
|---|---|---|---|---|
| | $S_1$（$HB_1$与$HB_2$） | $S_2$（$HB_2$与$HB_3$） | $S_3$（$HB_3$与$HB_4$） | |
| <5 | 0.599 | 0.015 | 0.978 | 10 |
| 5～10 | 0.523 | 0.002 | 0.840 | 10 |
| 10～15 | 0.870 | 0.036 | 0.803 | 10 |
| 15～20 | 0.068 | 0.000 | 0.200 | 10 |
| 20～25 | 0.877 | 0.065 | 0.399 | 5 |
| 25～30 | 0.989 | 0.006 | 0.721 | 10 |
| 30～35 | 0.000 | 0.000 | 0.676 | 15 |
| 35～40 | 0.942 | 0.369 | 0.900 | 5 |
| 40～45 | 0.280 | 0.000 | 0.290 | 10 |
| 45～50 | 0.093 | 0.143 | 0.616 | 5 |
| 50～55 | 0.812 | 0.014 | 0.858 | 10 |
| 55～60 | 0.907 | 0.295 | 0.956 | 5 |
| 60～65 | 0.123 | 0.477 | 0.989 | 5 |
| 65～70 | 0.000 | 0.006 | 0.342 | 15 |
| 70～75 | 0.091 | 0.018 | 0.723 | 10 |
| 75～80 | 0.033 | 0.007 | 0.587 | 15 |

表3-20　夏季林盘按周长分组的湿度影响范围

| 周长（m） | 差异显著性（sig.） | | | 影响范围（m） |
|---|---|---|---|---|
| | $S_1$（$HB_1$与$HB_2$） | $S_2$（$HB_2$与$HB_3$） | $S_3$（$HB_3$与$HB_4$） | |
| 150～250 | 0.705 | 0.055 | 0.825 | 5 |
| 250～350 | 0.206 | 0.002 | 0.515 | 10 |
| 350～450 | 0.824 | 0.033 | 0.534 | 10 |
| 450～550 | 0.710 | 0.003 | 0.673 | 10 |
| 550～650 | 0.928 | 0.086 | 0.620 | 5 |
| 650～750 | 0.989 | 0.006 | 0.721 | 10 |
| 750～850 | 0.762 | 0.084 | 0.977 | 5 |
| 850～950 | 0.406 | 0.002 | 0.881 | 10 |
| 950～1050 | 0.002 | 0.813 | 0.564 | 10 |
| 1050～1150 | 0.159 | 0.006 | 0.692 | 10 |
| 1250～1350 | 0.042 | 0.136 | 0.956 | 10 |
| 1350～1450 | 0.239 | 0.024 | 0.834 | 10 |
| ＞1450 | 0.563 | 0.832 | 0.883 | 5 |

表3-21　夏季林盘按乔木覆盖率分组的湿度影响范围

| 乔木覆盖率（%） | 差异显著性（sig.） | | | 影响范围（m） |
|---|---|---|---|---|
| | $S_1$（$HB_1$与$HB_2$） | $S_2$（$HB_2$与$HB_3$） | $S_3$（$HB_3$与$HB_4$） | |
| 53～56 | 0.184 | 0.052 | 0.802 | 5 |
| 56～59 | 0.214 | 0.019 | 0.651 | 10 |
| 59～62 | 0.719 | 0.063 | 0.668 | 5 |
| 62～65 | 0.029 | 0.050 | 0.819 | 15 |
| 65～68 | 0.886 | 0.003 | 0.683 | 10 |
| 68～71 | 0.147 | 0.146 | 0.978 | 5 |
| 71～74 | 0.467 | 0.001 | 0.964 | 10 |
| 74～77 | 0.898 | 0.050 | 0.829 | 5 |
| 77～80 | 0.311 | 0.001 | 0.523 | 10 |
| 80～83 | 0.333 | 0.004 | 0.837 | 10 |
| ＞83 | 0.056 | 0.291 | 0.990 | 5 |

皮尔森相关性分析显示（表3-22），夏季在有效的影响范围内，林盘对周边相邻区域的湿度影响程度与林盘面积、周长、乔木覆盖率均不存在线性相关。

表3-22　夏季林盘特征与湿度影响程度的相关性分析

| | | 林盘面积（m²） | 林盘周长（m） | 乔木覆盖率（%） |
|---|---|---|---|---|
| 湿度影响范围 | 显著性P | 0.666 | 0.772 | 0.896 |
| | 相关系数R | 0.117 | −0.089 | −0.045 |

### 3.2.3　林盘对周边环境风速的辐射影响

在夏季，林盘边缘（0m）处的平均风速为0.23m/s，5m处的平均风速为0.55m/s，10m处的平均风速为0.61m/s，15m处的平均风速为0.67m/s，20m处的平均风速为0.68m/s，36个林盘边缘处的风速均为最低，风速自边缘向外部整体上呈现增大的趋势。各相邻区域的风速差见图3-7。$\Delta W_1$的平均值为0.32m/s，$\Delta W_2$的平均值为0.06m/s，$\Delta W_3$的平均值为0.06m/s，$\Delta W_4$的平均值为0.02m/s。在4组差值中，$\Delta W_1$均大于或等于0且平均值最大，表明林盘边缘5m范围内的风速变化程度明显大于其他相邻测点。因此可知，在夏季，林盘对其周边邻近区域的风速具有一定的减弱作用。

在不同的分组条件（按照面积、周长、乔木覆盖率）下，进行相邻差值的差异显著性分析，并根据差异显著性确定各区域林盘影响范围（表3-23～表3-25）。由分析可知，在夏季多数林盘对周边相邻区域的风速影响范围保持在5m以内，个别林盘的风速影响范围超过5m，达到10m。

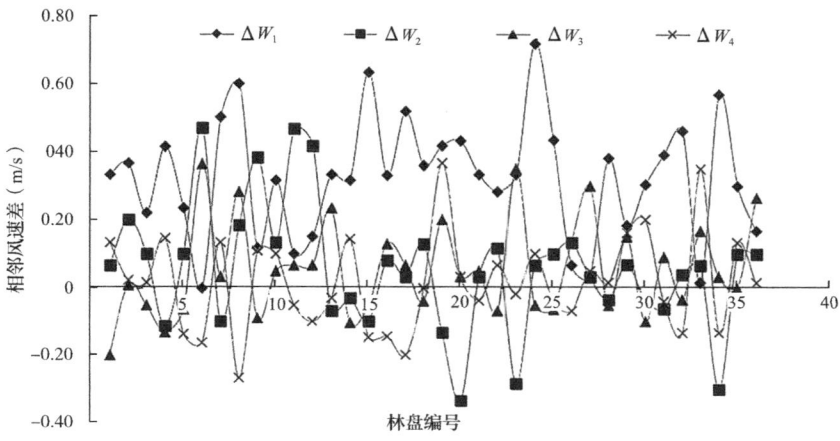

图3-7　夏季36个林盘周边相邻区域的风速差

表3-23　夏季林盘按面积分组的风速影响范围

| 面积（×10³m²） | 差异显著性（sig.） | | | 影响范围（m） |
|---|---|---|---|---|
| | $S_1$（$WB_1$与$WB_2$） | $S_2$（$WB_2$与$WB_3$） | $S_3$（$WB_3$与$WB_4$） | |
| <5 | 0.524 | 0.369 | 0.449 | 5 |
| 5~10 | 0.440 | 0.461 | 0.607 | 5 |
| 10~15 | 0.000 | 0.689 | 0.052 | 10 |
| 15~20 | 0.000 | 0.001 | 0.000 | 10 |
| 20~25 | 0.541 | 0.417 | 0.417 | 5 |
| 25~30 | 0.886 | 0.571 | 0.056 | 5 |
| 30~35 | 0.133 | 0.767 | 0.067 | 5 |
| 35~40 | 0.173 | 0.492 | 0.241 | 5 |
| 40~45 | 0.004 | 0.661 | 0.513 | 10 |
| 45~50 | 0.599 | 0.476 | 0.848 | 5 |
| 50~55 | 0.311 | 0.753 | 0.654 | 5 |
| 55~60 | 0.959 | 0.214 | 0.758 | 5 |
| 60~65 | 0.770 | 0.716 | 0.017 | 5 |
| 65~70 | 0.808 | 0.470 | 0.045 | 5 |
| 70~75 | 0.433 | 0.512 | 0.472 | 5 |
| 75~80 | 0.051 | 0.016 | 0.130 | 10 |

表3-24　夏季林盘按周长分组的风速影响范围

| 周长（m） | 差异显著性（sig.） | | | 影响范围（m） |
|---|---|---|---|---|
| | $S_1$（$WB_1$与$WB_2$） | $S_2$（$WB_2$与$WB_3$） | $S_3$（$WB_3$与$WB_4$） | |
| 150~250 | 0.348 | 0.536 | 0.659 | 5 |
| 250~350 | 0.467 | 0.789 | 0.801 | 5 |
| 350~450 | 0.487 | 0.725 | 0.976 | 5 |
| 450~550 | 0.000 | 0.360 | 0.673 | 10 |
| 550~650 | 0.425 | 0.658 | 0.961 | 5 |
| 650~750 | 0.886 | 0.571 | 0.056 | 5 |
| 750~850 | 0.732 | 0.904 | 0.732 | 5 |
| 850~950 | 0.957 | 0.628 | 0.296 | 5 |
| 950~1050 | 0.393 | 0.179 | 0.773 | 5 |

续表

| 周长（m） | 差异显著性（sig.） | | | 影响范围（m） |
|---|---|---|---|---|
| | $S_1$（$WB_1$与$WB_2$） | $S_2$（$WB_2$与$WB_3$） | $S_3$（$WB_3$与$WB_4$） | |
| 1050～1150 | 0.891 | 0.891 | 0.910 | 5 |
| 1250～1350 | 0.858 | 0.748 | 0.238 | 5 |
| 1350～1450 | 0.434 | 0.210 | 0.152 | 5 |
| ＞1450 | 0.758 | 0.309 | 0.730 | 5 |

表3-25　夏季林盘按乔木覆盖率分组的风速影响范围

| 乔木覆盖率（%） | 差异显著性（sig.） | | | 影响范围（m） |
|---|---|---|---|---|
| | $S_1$（$WB_1$与$WB_2$） | $S_2$（$WB_2$与$WB_3$） | $S_3$（$WB_3$与$WB_4$） | |
| 53～56 | 0.785 | 0.759 | 0.891 | 5 |
| 56～59 | 0.120 | 0.629 | 0.928 | 5 |
| 59～62 | 0.182 | 0.660 | 0.305 | 5 |
| 62～65 | 0.061 | 0.406 | 0.437 | 5 |
| 65～68 | 0.849 | 0.572 | 0.913 | 5 |
| 68～71 | 0.724 | 0.333 | 0.568 | 5 |
| 71～74 | 0.215 | 0.803 | 0.749 | 5 |
| 74～77 | 0.602 | 0.480 | 0.818 | 5 |
| 77～80 | 0.607 | 0.453 | 0.819 | 5 |
| 80～83 | 0.584 | 0.524 | 0.714 | 5 |
| ＞83 | 0.024 | 0.888 | 0.779 | 10 |

皮尔森相关性分析显示（表3-26），在5m的有效影响范围内，夏季林盘对邻近区域风速的影响程度与林盘面积、周长、乔木覆盖率不存在线性相关。

表3-26　夏季林盘特征与风速影响程度的相关性分析

| | | 林盘面积（m²） | 林盘周长（m） | 乔木覆盖率（%） |
|---|---|---|---|---|
| 风速影响范围 | 显著性$P$ | 0.818 | 0.447 | 0.117 |

### 3.2.4 林盘对周边环境光照的辐射影响

在夏季，林盘边缘（0m）的平均光照强度为310.69μmol/（m²·s），5m处的平均光照强度为494.08μmol/（m²·s），10m处的平均光照强度为536.26μmol/（m²·s），15m处的平均光照强度为548.31μmol/（m²·s），20m处的平均光照强度551.60μmol/（m²·s），林盘边缘处的光照强度最低，5m、10m、15m、20m处的光照强度均高于边缘处。各相邻区域的光照差见图3-8。$\Delta I_1$的平均值为183.39μmol/（m²·s），$\Delta I_2$的平均值为42.18μmol/（m²·s），$\Delta I_3$的平均值为12.04μmol/（m²·s），$\Delta I_4$的平均值为3.29μmol/（m²·s），表明林盘边缘向外5m范围内的光照强度变化最大。4组差值中，$\Delta I_1$和$\Delta I_2$的值均为正值，即$I_{10}>I_5>I_0$。$\Delta I_3$中正值占86.11%，$\Delta I_4$中正值占66.67%，说明大多数林盘光照强度从边缘往外逐渐增大，即$I_{20}>I_{15}>I_{10}>I_5>I_0$。

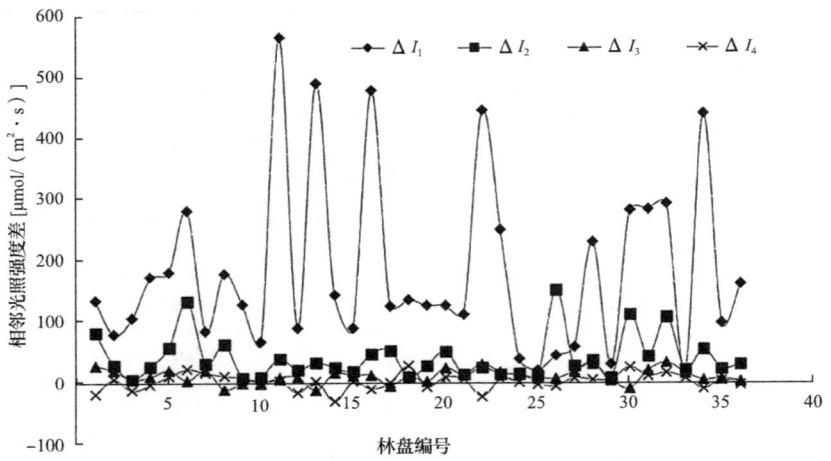

图3-8 夏季样本林盘周边相邻区域的光照强度差

在不同的分组条件（按照面积、周长、乔木覆盖率）下，进行相邻差值差异显著性分析（表3-27~表3-29）。由分析可知，在夏季，林盘对周边邻近区域的光照辐射影响主要保持在5m以内，个别林盘的影响范围超过5m，但最远不超过10m。

表3-27 夏季林盘按面积分组的光照影响范围

| 面积（×10³m²） | 差异显著性（*sig.*） | | | 影响范围（m） |
| --- | --- | --- | --- | --- |
| | $S_1$（$IB_1$与$IB_2$） | $S_2$（$IB_2$与$IB_3$） | $S_3$（$IB_3$与$IB_4$） | |
| <5 | 0.351 | 0.662 | 0.876 | 5 |
| 5~10 | 0.371 | 0.900 | 0.834 | 5 |

| 面积（×10³m²） | 差异显著性（sig.） | | | 影响范围（m） |
|---|---|---|---|---|
| | $S_1$（$IB_1$与$IB_2$） | $S_2$（$IB_2$与$IB_3$） | $S_3$（$IB_3$与$IB_4$） | |
| 10 ~ 15 | 0.679 | 1.000 | 0.821 | 5 |
| 15 ~ 20 | 0.876 | 0.959 | 0.981 | 5 |
| 20 ~ 25 | 0.828 | 0.967 | 0.925 | 5 |
| 25 ~ 30 | 0.839 | 0.936 | 0.986 | 5 |
| 30 ~ 35 | 0.002 | 0.634 | 0.092 | 10 |
| 35 ~ 40 | 0.027 | 0.404 | 0.882 | 10 |
| 40 ~ 45 | 0.886 | 0.871 | 0.960 | 5 |
| 45 ~ 50 | 0.859 | 0.857 | 0.955 | 5 |
| 50 ~ 55 | 0.182 | 0.885 | 0.959 | 5 |
| 55 ~ 60 | 0.657 | 0.739 | 0.922 | 5 |
| 60 ~ 65 | 0.656 | 0.991 | 0.903 | 5 |
| 65 ~ 70 | 0.016 | 0.657 | 0.037 | 10 |
| 70 ~ 75 | 0.827 | 0.949 | 0.999 | 5 |
| 75 ~ 80 | 0.301 | 0.835 | 0.955 | 5 |

表3-28　夏季林盘按周长分组的光照影响范围

| 周长（m） | 差异显著性（sig.） | | | 影响范围（m） |
|---|---|---|---|---|
| | $S_1$（$IB_1$与$IB_2$） | $S_2$（$IB_2$与$IB_3$） | $S_3$（$IB_3$与$IB_4$） | |
| 150 ~ 250 | 0.414 | 0.692 | 0.877 | 5 |
| 250 ~ 350 | 0.407 | 0.884 | 0.896 | 5 |
| 350 ~ 450 | 0.463 | 0.925 | 0.778 | 5 |
| 450 ~ 550 | 0.904 | 0.982 | 0.988 | 5 |
| 550 ~ 650 | 0.876 | 0.999 | 0.938 | 5 |
| 650 ~ 750 | 0.839 | 0.936 | 0.986 | 5 |
| 750 ~ 850 | 0.030 | 0.478 | 0.395 | 10 |
| 850 ~ 950 | 0.885 | 0.919 | 0.967 | 5 |
| 950 ~ 1050 | 0.890 | 0.890 | 0.978 | 5 |
| 1050 ~ 1150 | 0.692 | 0.961 | 0.987 | 5 |
| 1250 ~ 1350 | 0.633 | 0.927 | 0.816 | 5 |
| 1350 ~ 1450 | 0.656 | 0.873 | 0.948 | 5 |
| >1450 | 0.592 | 0.896 | 0.764 | 5 |

表3-29　夏季林盘按乔木覆盖率分组的光照影响范围

| 乔木覆盖率（%） | 差异显著性（sig.） | | | 影响范围（m） |
| --- | --- | --- | --- | --- |
| | $S_1$（$IB_1$与$IB_2$） | $S_2$（$IB_2$与$IB_3$） | $S_3$（$IB_3$与$IB_4$） | |
| 53 ~ 56 | 0.866 | 0.933 | 0.939 | 5 |
| 56 ~ 59 | 0.174 | 0.819 | 0.969 | 5 |
| 59 ~ 62 | 0.684 | 0.877 | 0.877 | 5 |
| 62 ~ 65 | 0.727 | 0.911 | 0.812 | 5 |
| 65 ~ 68 | 0.055 | 0.629 | 0.819 | 5 |
| 68 ~ 71 | 0.542 | 0.947 | 0.855 | 5 |
| 71 ~ 74 | 0.836 | 0.949 | 0.993 | 5 |
| 74 ~ 77 | 0.817 | 0.908 | 0.949 | 5 |
| 77 ~ 80 | 0.613 | 0.973 | 0.953 | 5 |
| 80 ~ 83 | 0.800 | 0.958 | 0.958 | 5 |
| >83 | 0.261 | 0.479 | 0.836 | 5 |

皮尔森相关性分析显示，在5m的有效影响范围内，夏季林盘对周边相邻区域的光照影响程度与林盘面积、周长和乔木覆盖率均不存在线性相关。

# 3.3　秋季结果分析

### 3.3.1　林盘对周边环境温度的辐射影响

在秋季，36个林盘边缘（0m）的平均温度为18.41℃，5m处的平均温度为19.55℃，10m处的平均温度为19.57℃，15m处的平均温度为19.67℃，20m处的平均温度为19.16℃，整体表现为林盘边缘处的温度均值为最低。各相邻区域的温度差见图3-9。$\Delta T_1$的平均值为1.14℃，$\Delta T_2$的平均值为0.02℃，$\Delta T_3$的平均值为0.09℃，$\Delta T_4$的平均值为-0.51℃，表明林盘边缘向外5m范围内的温度变化最大。在4组差值中，$\Delta T_1$的值均为正值。大部分林盘自5m往外温度不再递增（图3-9）。因此，秋季林盘对其周边邻近区域具有一定的降温作用。

在不同的分组条件（按照面积、周长、乔木覆盖率）下，进行相邻差值差异显著性

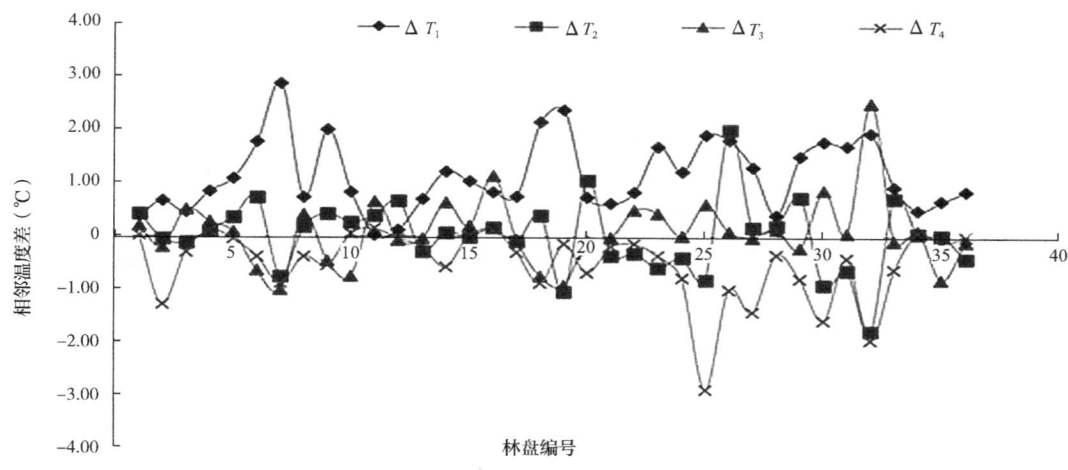

图3-9　秋季36个林盘周边相邻区域的温度差

分析，并根据差异显著性确定林盘对周边环境温度的影响范围（表3-30 ~ 表3-32）。由分析可知，在秋季，林盘对周边邻近区域的温度影响范围保持在5m以内，少数林盘超过5m，但均在15m内。

表3-30　秋季林盘按面积分组的温度影响范围

| 面积（×10³m²） | 差异显著性（sig.） | | | 影响范围（m） |
|---|---|---|---|---|
| | $S_1$（$TB_1$与$TB_2$） | $S_2$（$TB_2$与$TB_3$） | $S_3$（$TB_3$与$TB_4$） | |
| <5 | 0.799 | 0.612 | 0.380 | 5 |
| 5 ~ 10 | 0.782 | 0.565 | 0.410 | 5 |
| 10 ~ 15 | 0.522 | 0.288 | 0.666 | 5 |
| 15 ~ 20 | 0.004 | 0.080 | 0.699 | 15 |
| 20 ~ 25 | 0.833 | 0.509 | 0.424 | 5 |
| 25 ~ 30 | 0.765 | 0.034 | 0.751 | 10 |
| 30 ~ 35 | 0.774 | 0.488 | 0.308 | 5 |
| 35 ~ 40 | 0.992 | 0.304 | 0.397 | 5 |
| 40 ~ 45 | 0.208 | 0.346 | 0.525 | 5 |
| 45 ~ 50 | 0.115 | 0.446 | 0.073 | 5 |
| 50 ~ 55 | 0.593 | 0.754 | 0.102 | 5 |
| 55 ~ 60 | 0.555 | 0.860 | 0.014 | 5 |

续表

| 面积（×10³m²） | 差异显著性（sig.） | | | 影响范围（m） |
|---|---|---|---|---|
| | $S_1$（$TB_1$与$TB_2$） | $S_2$（$TB_2$与$TB_3$） | $S_3$（$TB_3$与$TB_4$） | |
| 60～65 | 0.818 | 0.386 | 0.007 | 5 |
| 65～70 | 0.007 | 0.004 | 0.008 | 5 |
| 70～75 | 0.214 | 0.961 | 0.396 | 5 |
| 75～80 | 0.258 | 0.014 | 0.754 | 15 |

表3-31　秋季林盘按周长分组的温度影响范围

| 周长（m） | 差异显著性（sig.） | | | 影响范围（m） |
|---|---|---|---|---|
| | $S_1$（$TB_1$与$TB_2$） | $S_2$（$TB_2$与$TB_3$） | $S_3$（$TB_3$与$TB_4$） | |
| 150～250 | 0.835 | 0.700 | 0.276 | 5 |
| 250～350 | 0.338 | 0.832 | 0.813 | 5 |
| 350～450 | 0.951 | 0.595 | 0.378 | 5 |
| 450～550 | 0.294 | 0.898 | 0.737 | 5 |
| 550～650 | 0.754 | 0.730 | 0.622 | 5 |
| 650～750 | 0.765 | 0.034 | 0.751 | 10 |
| 750～850 | 0.461 | 0.640 | 0.332 | 5 |
| 850～950 | 0.303 | 0.787 | 0.772 | 5 |
| 950～1050 | 0.179 | 0.307 | 0.006 | 5 |
| 1050～1150 | 0.661 | 0.952 | 0.661 | 5 |
| 1250～1350 | 0.733 | 0.633 | 0.098 | 5 |
| 1350～1450 | 0.822 | 0.532 | 0.644 | 5 |
| ＞1450 | 0.077 | 0.011 | 0.002 | 10 |

表3-32　秋季林盘按乔木覆盖率分组的温度影响范围

| 乔木覆盖率（%） | 差异显著性（sig.） | | | 影响范围（m） |
|---|---|---|---|---|
| | $S_1$（$TB_1$与$TB_2$） | $S_2$（$TB_2$与$TB_3$） | $S_3$（$TB_3$与$TB_4$） | |
| 53～56 | 0.423 | 0.026 | 0.436 | 10 |
| 56～59 | 0.252 | 0.666 | 0.733 | 5 |
| 59～62 | 0.667 | 0.761 | 0.571 | 5 |
| 62～65 | 0.953 | 0.988 | 0.533 | 5 |

续表

| 乔木覆盖率（%） | 差异显著性（sig.） | | | 影响范围（m） |
|:---:|:---:|:---:|:---:|:---:|
| | $S_1$（$TB_1$与$TB_2$） | $S_2$（$TB_2$与$TB_3$） | $S_3$（$TB_3$与$TB_4$） | |
| 65 ~ 68 | 0.824 | 0.823 | 0.621 | 5 |
| 68 ~ 71 | 0.100 | 0.226 | 0.005 | 5 |
| 71 ~ 74 | 0.230 | 0.043 | 0.523 | 10 |
| 74 ~ 77 | 0.765 | 0.932 | 0.396 | 5 |
| 77 ~ 80 | 0.540 | 0.734 | 0.262 | 5 |
| 80 ~ 83 | 0.696 | 0.911 | 0.298 | 5 |
| >83 | 0.094 | 0.943 | 0.172 | 5 |

在5m的影响范围内，对林盘面积、周长、乔木覆盖率与其对周边区域温度的影响程度展开相关性分析（表3-33），结果表明，在秋季，林盘对周边区域的温度的影响程度与林盘面积、周长、乔木覆盖率不存在线性相关。

表3-33　秋季林盘特征与温度影响程度的相关性分析

| | | 林盘面积（$m^2$） | 林盘周长（m） | 乔木覆盖率（%） |
|:---:|:---:|:---:|:---:|:---:|
| 温度影响范围 | 显著性P | 0.798 | 0.345 | 0.345 |
| | 相关系数R | 0.070 | 0.285 | 0.285 |

### 3.3.2　林盘对周边环境湿度的辐射影响

在秋季，林盘边缘（0m）处的相对湿度为62.36%，5m处的相对湿度为60.35%，10m处的相对湿度为60.21%，15m处的相对湿度为60.40%，20m处的相对湿度为60.29%，整体上表现出林盘边缘处的湿度最大的特征。各相邻区域的相对湿度差见图3-10。$\Delta H_1$的平均值为–2.01%，$\Delta H_2$的平均值为–0.14%，$\Delta H_3$的平均值为0.19%，$\Delta H_4$的平均值为–0.11%，表明林盘边缘向外5m范围内的相对湿度变化最大。4组差值中，$\Delta H_1$的均为负值，即$H_5 < H_0$，大多数林盘周边湿度满足$H_0 > H_5 > H_{10}$、$H_0 > H_{15} > H_{20}$，整体上自边缘往外呈降低的趋势（图3-10）。因此在秋季，林盘对其周边邻近区域具有一定的增湿作用。

在不同的分组条件（按照面积、周长、乔木覆盖率）下，进行相邻差值差异显著性分析，并根据差异显著性确定林盘的影响程度（表3-34 ~ 表3-36）。由分析可知，在秋季，林盘对周边邻近区域增湿影响范围多数保持在5m以内，仅有个别林盘超过5m，达到10m和15m。

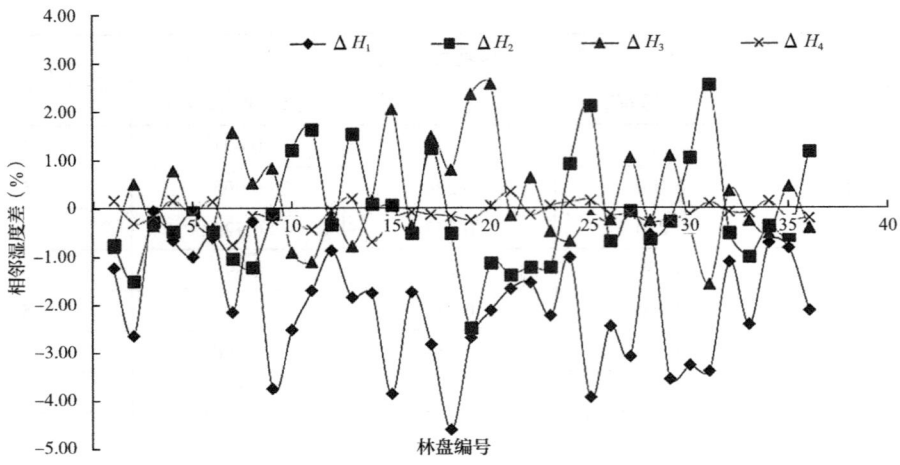

图3-10　秋季36个林盘周边相邻区域的湿度差

表3-34　秋季林盘按面积分组的湿度影响范围

| 面积（×10³m²） | 差异显著性（sig.） | | | 影响范围（m） |
|---|---|---|---|---|
| | $S_1$（$HB_1$与$HB_2$） | $S_2$（$HB_2$与$HB_3$） | $S_3$（$HB_3$与$HB_4$） | |
| <5 | 0.504 | 0.977 | 0.977 | 5 |
| 5～10 | 0.194 | 0.486 | 0.678 | 5 |
| 10～15 | 0.402 | 0.950 | 0.700 | 5 |
| 15～20 | 0.046 | 0.048 | 0.434 | 15 |
| 20～25 | 0.065 | 0.465 | 0.557 | 5 |
| 25～30 | 0.710 | 0.172 | 0.787 | 5 |
| 30～35 | 0.806 | 0.451 | 0.922 | 5 |
| 35～40 | 0.039 | 0.008 | 0.909 | 15 |
| 40～45 | 0.000 | 0.371 | 0.692 | 10 |
| 45～50 | 0.906 | 0.635 | 0.943 | 5 |
| 50～55 | 0.258 | 0.770 | 0.987 | 5 |
| 55～60 | 0.615 | 0.560 | 0.758 | 5 |
| 60～65 | 0.281 | 0.332 | 0.593 | 5 |
| 65～70 | 0.104 | 0.321 | 0.980 | 5 |
| 70～75 | 0.447 | 0.670 | 0.977 | 5 |
| 75～80 | 0.327 | 0.935 | 0.485 | 5 |

表3-35　秋季林盘按周长分组的湿度影响范围

| 周长（m） | 差异显著性（sig.） | | | 影响范围（m） |
|---|---|---|---|---|
| | $S_1$（$HB_1$与$HB_2$） | $S_2$（$HB_2$与$HB_3$） | $S_3$（$HB_3$与$HB_4$） | |
| 150～250 | 0.537 | 0.873 | 0.940 | 5 |
| 250～350 | 0.410 | 0.914 | 0.874 | 5 |
| 350～450 | 0.481 | 0.387 | 0.737 | 5 |
| 450～550 | 0.004 | 0.027 | 0.408 | 15 |
| 550～650 | 0.377 | 0.589 | 0.714 | 5 |
| 650～750 | 0.710 | 0.172 | 0.787 | 5 |
| 750～850 | 0.937 | 0.344 | 0.961 | 5 |
| 850～950 | 0.034 | 0.191 | 0.992 | 10 |
| 950～1050 | 0.560 | 0.701 | 0.891 | 5 |
| 1050～1150 | 0.971 | 0.678 | 0.971 | 5 |
| 1250～1350 | 0.391 | 0.710 | 0.857 | 5 |
| 1350～1450 | 0.908 | 0.950 | 0.871 | 5 |
| ＞1450 | 0.631 | 0.228 | 0.854 | 5 |

表3-36　秋季林盘按乔木覆盖率分组的湿度影响范围

| 乔木覆盖率（%） | 差异显著性（sig.） | | | 影响范围（m） |
|---|---|---|---|---|
| | $S_1$（$HB_1$与$HB_2$） | $S_2$（$HB_2$与$HB_3$） | $S_3$（$HB_3$与$HB_4$） | |
| 53～56 | 0.418 | 0.925 | 0.943 | 5 |
| 56～59 | 0.187 | 0.187 | 0.718 | 5 |
| 59～62 | 0.639 | 0.971 | 0.636 | 5 |
| 62～65 | 0.083 | 0.163 | 0.953 | 5 |
| 65～68 | 0.066 | 0.435 | 0.719 | 5 |
| 68～71 | 0.988 | 0.351 | 0.895 | 5 |
| 71～74 | 0.230 | 0.715 | 0.780 | 5 |
| 74～77 | 0.723 | 0.370 | 0.848 | 5 |
| 77～80 | 0.581 | 0.732 | 0.891 | 5 |
| 80～83 | 0.807 | 0.857 | 0.939 | 5 |
| ＞83 | 0.163 | 0.076 | 0.843 | 5 |

根据皮尔森相关性分析显示，在有效影响距离内（5m），秋季林盘对其周边相邻区域的湿度影响程度与林盘面积、周长、乔木覆盖率均不存在线性相关。

### 3.3.3 林盘对周边环境风速的辐射影响

在秋季，林盘边缘（0m）处的平均风速为0.15m/s，5m处的平均风速为0.36m/s，10m处的平均风速为0.47m/s，15m处的平均风速为0.52m/s，20m处的平均风速为0.64m/s，大多数林盘在边缘位置风速为0m/s，即为静风状态，自边缘向外风速整体上呈现增大的趋势。将相邻测点数据两两求差值，各相邻区域的风速差见图3-11。得到$\Delta W_1$的平均值为0.21m/s，$\Delta W_2$的平均值为0.10℃，$\Delta W_3$的平均值为0.06m/s，$\Delta W_4$的平均值为0.11m/s，林盘边缘向外5m范围内的风速变化最大。多数林盘满足$W_{20} > W_{15} > W_{10} \geq W_5 \geq W_0$。

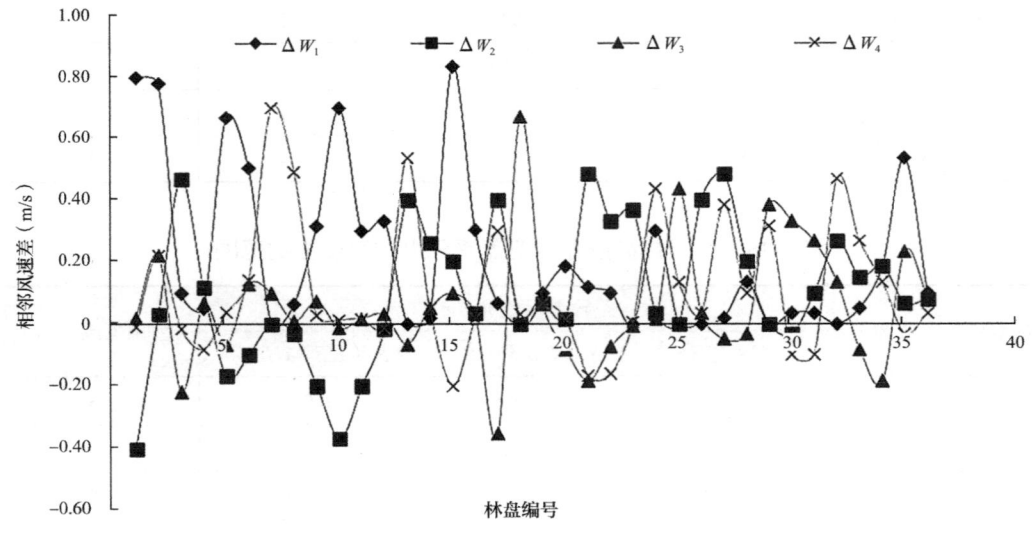

图3-11 秋季36个林盘周边相邻区域的风速差

在不同的分组条件（按照面积、周长、乔木覆盖率）下，进行相邻区域差值的差异显著性分析，并根据差异显著性确定林盘的风速影响范围（表3-37～表3-39）。由分析可知，在秋季，多数林盘对周边相邻区域风速的辐射影响距离保持在5m以内，部分林盘超过5m，达到10m和15m。

表3-37　秋季林盘按面积分组的风速影响范围

| 面积（$\times 10^3 m^2$） | 差异显著性（sig.） | | | 影响范围（m） |
|---|---|---|---|---|
| | $S_1$（$WB_1$与$WB_2$） | $S_2$（$WB_2$与$WB_3$） | $S_3$（$WB_3$与$WB_4$） | |
| <5 | 0.846 | 0.943 | 0.922 | 5 |
| 5~10 | 0.681 | 0.815 | 0.078 | 5 |
| 10~15 | 0.011 | 0.758 | 0.837 | 10 |
| 15~20 | 0.198 | 0.751 | 0.949 | 5 |
| 20~25 | 0.008 | 0.924 | 0.014 | 15 |
| 25~30 | 0.653 | 0.807 | 0.736 | 5 |
| 30~35 | 0.232 | 0.334 | 0.320 | 5 |
| 35~40 | 0.336 | 0.827 | 0.390 | 5 |
| 40~45 | 0.000 | 0.007 | 0.001 | 10 |
| 45~50 | 0.079 | 0.962 | 0.056 | 5 |
| 50~55 | 0.035 | 0.018 | 0.306 | 15 |
| 55~60 | 0.007 | 0.706 | 0.036 | 15 |
| 60~65 | 0.879 | 0.003 | 0.277 | 10 |
| 65~70 | 0.149 | 0.121 | 0.149 | 5 |
| 70~75 | 0.004 | 0.014 | 0.001 | 10 |
| 75~80 | 0.709 | 0.431 | 1.000 | 5 |

表3-38　秋季林盘按周长分组的风速影响范围

| 周长（m） | 差异显著性（sig.） | | | 影响范围（m） |
|---|---|---|---|---|
| | $S_1$（$WB_1$与$WB_2$） | $S_2$（$WB_2$与$WB_3$） | $S_3$（$WB_3$与$WB_4$） | |
| 150~250 | 0.919 | 0.984 | 0.846 | 5 |
| 250~350 | 0.802 | 0.841 | 0.867 | 5 |
| 350~450 | 0.607 | 0.686 | 0.022 | 15 |
| 450~550 | 0.024 | 0.965 | 0.929 | 10 |
| 550~650 | 0.175 | 0.982 | 0.228 | 5 |
| 650~750 | 0.653 | 0.807 | 0.736 | 5 |
| 750~850 | 0.509 | 0.703 | 0.591 | 5 |
| 850~950 | 0.018 | 0.541 | 0.407 | 10 |
| 950~1050 | 0.055 | 0.033 | 0.406 | 10 |

续表

| 周长（m） | 差异显著性（sig.） | | | 影响范围（m） |
|---|---|---|---|---|
| | $S_1$（$WB_1$与$WB_2$） | $S_2$（$WB_2$与$WB_3$） | $S_3$（$WB_3$与$WB_4$） | |
| 1050～1150 | 0.140 | 0.721 | 0.145 | 5 |
| 1250～1350 | 0.492 | 0.028 | 0.574 | 10 |
| 1350～1450 | 0.685 | 0.745 | 0.724 | 5 |
| ＞1450 | 0.000 | 0.427 | 0.000 | 15 |

表3-39　秋季林盘按乔木覆盖率分组的风速影响范围

| 乔木覆盖率（%） | 差异显著性（sig.） | | | 影响范围（m） |
|---|---|---|---|---|
| | $S_1$（$WB_1$与$WB_2$） | $S_2$（$WB_2$与$WB_3$） | $S_3$（$WB_3$与$WB_4$） | |
| 53～56 | 0.001 | 0.048 | 0.850 | 15 |
| 56～59 | 0.012 | 0.390 | 0.454 | 10 |
| 59～62 | 0.519 | 0.817 | 0.850 | 5 |
| 62～65 | 0.552 | 0.064 | 0.430 | 5 |
| 65～68 | 0.156 | 0.931 | 0.340 | 5 |
| 68～71 | 0.086 | 0.121 | 0.057 | 5 |
| 71～74 | 0.021 | 0.501 | 0.555 | 10 |
| 74～77 | 0.442 | 0.343 | 0.837 | 5 |
| 77～80 | 0.857 | 0.787 | 0.058 | 5 |
| 80～83 | 0.701 | 1.000 | 0.329 | 5 |
| ＞83 | 0.153 | 0.460 | 0.460 | 5 |

　　根据皮尔森相关性分析显示，在有效的影响距离内（5m），秋季林盘对其周边相邻区域的风速影响程度与林盘面积、周长、乔木覆盖率均不存在线性相关。

### 3.3.4　林盘对周边环境光照的辐射影响

　　在秋季，林盘边缘（0m）处的平均光照强度为173.65μmol/（$m^2$·s），5m处的平均光照强度为255.68μmol/（$m^2$·s），10m处的平均光照强度为276.29μmol/（$m^2$·s），15m处的平均光照强度为282.63μmol/（$m^2$·s），20m处的平均光照强度为288.78μmol/（$m^2$·s），光照平均值整体满足$I_0<I_5<I_{10}<I_{15}<I_{20}$的趋势，林盘边缘处的光照强度最

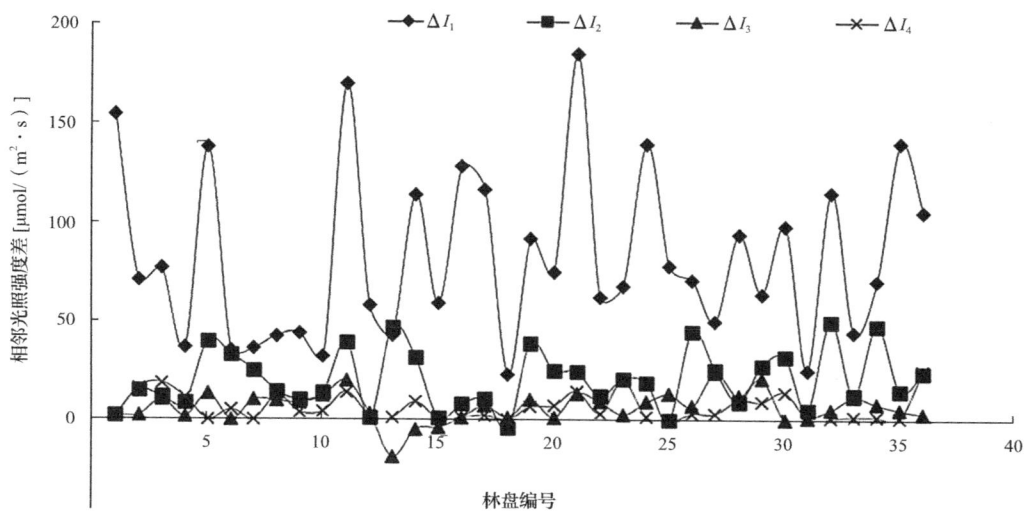

图3-12　秋季36个林盘周边相邻区域的光照强度差

低。将相邻区域测点的数据两两求差值，各相邻区域的光照差见图3-12。可知 $\Delta I_1$ 的平均值为82.03μmol/（$m^2 \cdot s$），$\Delta I_2$ 的平均值为20.61μmol/（$m^2 \cdot s$），$\Delta I_3$ 的平均值为6.33μmol/（$m^2 \cdot s$），$\Delta I_4$ 的平均值为6.15μmol/（$m^2 \cdot s$），表明林盘边缘向外5m范围内的光照强度变化最大。

　　分别计算各林盘0m与5m、10m、15m和20m的差值，表示为 $IB_1$、$IB_2$、$IB_3$ 和 $IB_4$。在不同的分组条件（按照面积、周长、乔木覆盖率）下，进行相邻差值差异显著性分析，并根据差异显著性确定各林盘的影响范围（表3-40～表3-42）。由分析可知，在秋季，多数林盘对周边相邻区域的光照辐射影响距离保持在5m内，个别林盘超过5m。根据皮尔森相关性分析显示，在有效影响距离内（5m），秋季林盘对其周边相邻区域的光照影响程度与林盘面积、周长、乔木覆盖率均不存在线性相关。

表3-40　秋季林盘按面积分组的光照影响范围

| 面积（$\times 10^3 m^2$） | 差异显著性（sig.） | | | 影响范围（m） |
| --- | --- | --- | --- | --- |
| | $S_1$（$IB_1$与$IB_2$） | $S_2$（$IB_2$与$IB_3$） | $S_3$（$IB_3$与$IB_4$） | |
| <5 | 0.781 | 0.907 | 0.727 | 5 |
| 5～10 | 0.500 | 0.844 | 0.918 | 5 |
| 10～15 | 0.003 | 0.007 | 0.263 | 15 |
| 15～20 | 0.753 | 0.858 | 0.901 | 5 |
| 20～25 | 0.188 | 0.677 | 0.862 | 5 |

| 面积（×10³m²） | 差异显著性（sig.） | | | 影响范围（m） |
|---|---|---|---|---|
| | $S_1$（$IB_1$与$IB_2$） | $S_2$（$IB_2$与$IB_3$） | $S_3$（$IB_3$与$IB_4$） | |
| 25～30 | 0.889 | 0.963 | 0.988 | 5 |
| 30～35 | 0.943 | 0.929 | 0.982 | 5 |
| 35～40 | 0.036 | 0.692 | 0.628 | 10 |
| 40～45 | 0.750 | 0.844 | 0.879 | 5 |
| 45～50 | 0.491 | 0.842 | 0.709 | 5 |
| 50～55 | 0.100 | 0.443 | 0.938 | 5 |
| 55～60 | 0.175 | 0.158 | 0.597 | 5 |
| 60～65 | 0.029 | 0.398 | 0.356 | 10 |
| 65～70 | 0.607 | 0.955 | 0.985 | 5 |
| 70～75 | 0.186 | 0.660 | 0.946 | 5 |
| 75～80 | 0.091 | 0.713 | 0.244 | 5 |

表3–41　秋季林盘按周长分组的光照影响范围

| 周长（m） | 差异显著性（sig.） | | | 影响范围（m） |
|---|---|---|---|---|
| | $S_1$（$IB_1$与$IB_2$） | $S_2$（$IB_2$与$IB_3$） | $S_3$（$IB_3$与$IB_4$） | |
| 150～250 | 0.771 | 0.886 | 0.717 | 5 |
| 250～350 | 0.650 | 0.935 | 0.929 | 5 |
| 350～450 | 0.003 | 0.041 | 0.214 | 15 |
| 450～550 | 0.696 | 0.815 | 0.895 | 5 |
| 550～650 | 0.472 | 0.847 | 0.912 | 5 |
| 650～750 | 0.889 | 0.963 | 0.988 | 5 |
| 750～850 | 0.824 | 0.949 | 0.949 | 5 |
| 850～950 | 0.669 | 0.853 | 0.891 | 5 |
| 950～1050 | 0.073 | 0.172 | 0.100 | 5 |
| 1050～1150 | 0.153 | 0.743 | 0.935 | 5 |
| 1250～1350 | 0.558 | 0.785 | 0.785 | 5 |
| 1350～1450 | 0.682 | 0.876 | 0.826 | 5 |
| ＞1450 | 0.235 | 0.640 | 0.948 | 5 |

表3-42　秋季林盘按乔木覆盖率分组的光照影响范围

| 乔木覆盖率（%） | 差异显著性（sig.） | | | 影响范围（m） |
| --- | --- | --- | --- | --- |
| | $S_1$（$IB_1$与$IB_2$） | $S_2$（$IB_2$与$IB_3$） | $S_3$（$IB_3$与$IB_4$） | |
| 53 ~ 56 | 0.174 | 0.589 | 0.644 | 5 |
| 56 ~ 59 | 0.665 | 0.980 | 0.941 | 5 |
| 59 ~ 62 | 0.656 | 0.900 | 0.894 | 5 |
| 62 ~ 65 | 0.818 | 0.878 | 0.908 | 5 |
| 65 ~ 68 | 0.637 | 0.878 | 0.930 | 5 |
| 68 ~ 71 | 0.087 | 0.567 | 0.614 | 5 |
| 71 ~ 74 | 0.732 | 0.878 | 0.858 | 5 |
| 74 ~ 77 | 0.799 | 0.880 | 0.978 | 5 |
| 77 ~ 80 | 0.654 | 0.866 | 0.763 | 5 |
| 80 ~ 83 | 0.461 | 0.961 | 0.904 | 5 |
| >83 | 0.015 | 0.298 | 0.180 | 10 |

## 3.4　冬季结果分析

### 3.4.1　林盘对周边环境温度的辐射影响

在冬季，林盘边缘（0m）的平均温度为10.36℃，5m处的平均温度为9.44℃，10m处的平均温度为9.09℃，15m处的平均温度为9.18℃，20m处的平均温度为8.95℃，整体上呈现林盘边缘处温度最高的状态。将相邻区域的测点数据两两求差值，各相邻区域的温度差见图3-13，得到$\Delta T_1$的平均值为-0.92℃，$\Delta T_2$的平均值为-0.35℃，$\Delta T_3$的平均值为0.09℃，$\Delta T_4$的平均值为-0.23℃。在4组差值中，$\Delta T_1$均为负值，即$T_5 < T_0$，多数林盘满足$|\Delta T_1| > |\Delta T_2| > |\Delta T_3|$，表明在林盘周围0 ~ 5m范围内的温度变化程度明显大于其他相邻区域的温度变化程度。相较于其他3个季节，在冬季，林盘对其周边相邻区域反而呈现出一定的保温作用。

分别计算各林盘0m与5m、10m、15m和20m的差值，表示为$TB_1$、$TB_2$、$TB_3$、$TB_4$。在不同的分组条件（按照面积、周长、乔木覆盖率）下，进行相邻差值差异显著性分析，并根据差异显著性确定林盘的温度影响范围（表3-43 ~ 表3-45）。由分析可知，在冬季，多数林盘对周边邻近区域温度的辐射影响范围保持在5m以内，少数林盘超过

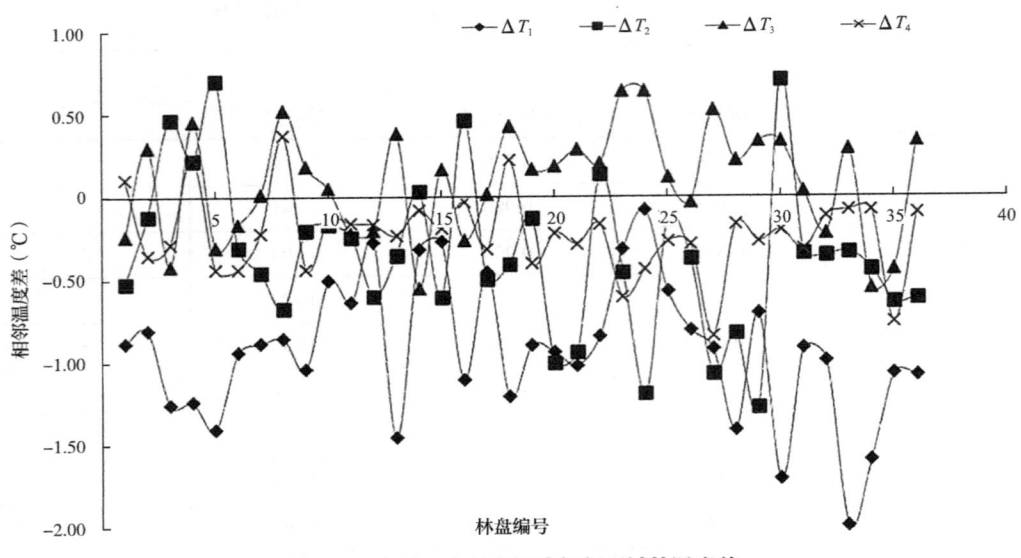

图3-13　冬季36个林盘周边相邻区域的温度差

5m，达到10m和15m，甚至超过20m。根据皮尔森相关性分析显示，在有效影响距离内（5m），冬季林盘对其周边相邻区域的温度影响程度与林盘面积、周长、乔木覆盖率均不存在线性相关。

表3-43　冬季林盘按面积分组的温度影响范围

| 面积（$\times 10^3 m^2$） | 差异显著性（sig.） | | | 影响范围（m） |
|---|---|---|---|---|
| | $S_1$（$TB_1$与$TB_2$） | $S_2$（$TB_2$与$TB_3$） | $S_3$（$TB_3$与$TB_4$） | |
| <5 | 0.907 | 0.934 | 0.810 | 5 |
| 5~10 | 0.484 | 0.945 | 0.490 | 5 |
| 10~15 | 0.444 | 0.632 | 0.254 | 5 |
| 15~20 | 0.000 | 0.015 | 0.051 | 15 |
| 20~25 | 0.726 | 0.847 | 0.726 | 5 |
| 25~30 | 0.705 | 0.808 | 0.554 | 5 |
| 30~35 | 0.060 | 0.330 | 0.854 | 5 |
| 35~40 | 0.084 | 0.570 | 0.332 | 5 |
| 40~45 | 0.372 | 0.585 | 0.608 | 5 |
| 45~50 | 0.000 | 0.002 | 0.009 | ≥20 |
| 50~55 | 0.256 | 0.834 | 0.214 | 5 |

续表

| 面积（$\times 10^3 m^2$） | 差异显著性（$sig.$） | | | 影响范围（m） |
|---|---|---|---|---|
| | $S_1$（$TB_1$与$TB_2$） | $S_2$（$TB_2$与$TB_3$） | $S_3$（$TB_3$与$TB_4$） | |
| 55~60 | 0.000 | 0.038 | 0.008 | ≥20 |
| 60~65 | 0.494 | 0.424 | 0.572 | 5 |
| 65~70 | 0.001 | 0.272 | 0.016 | 15 |
| 70~75 | 0.057 | 0.496 | 0.654 | 5 |
| 75~80 | 0.079 | 0.506 | 0.442 | 5 |

表3-44　冬季林盘按周长分组的温度影响范围

| 周长（m） | 差异显著性（$sig.$） | | | 影响范围（m） |
|---|---|---|---|---|
| | $S_1$（$TB_1$与$TB_2$） | $S_2$（$TB_2$与$TB_3$） | $S_3$（$TB_3$与$TB_4$） | |
| 150~250 | 0.852 | 0.701 | 0.564 | 5 |
| 250~350 | 0.614 | 0.987 | 0.609 | 5 |
| 350~450 | 0.091 | 0.324 | 0.694 | 5 |
| 450~550 | 0.192 | 0.577 | 0.347 | 5 |
| 550~650 | 0.526 | 0.795 | 0.741 | 5 |
| 650~750 | 0.705 | 0.808 | 0.554 | 5 |
| 750~850 | 0.128 | 0.595 | 0.776 | 5 |
| 850~950 | 0.503 | 0.635 | 0.539 | 5 |
| 950~1050 | 0.021 | 0.004 | 0.002 | ≥20 |
| 1050~1150 | 0.327 | 0.976 | 0.687 | 5 |
| 1250~1350 | 0.283 | 0.557 | 0.545 | 5 |
| 1350~1450 | 0.256 | 0.886 | 0.485 | 5 |
| >1450 | 0.003 | 0.451 | 0.025 | 15 |

表3-45　冬季林盘按乔木覆盖率分组的温度影响范围

| 乔木覆盖率（%） | 差异显著性（$sig.$） | | | 影响范围（m） |
|---|---|---|---|---|
| | $S_1$（$TB_1$与$TB_2$） | $S_2$（$TB_2$与$TB_3$） | $S_3$（$TB_3$与$TB_4$） | |
| 53~56 | 0.940 | 0.716 | 0.802 | 5 |
| 56~59 | 0.000 | 0.037 | 0.077 | 15 |
| 59~62 | 0.728 | 0.735 | 0.504 | 5 |
| 62~65 | 0.015 | 0.639 | 0.175 | 10 |
| 65~68 | 0.032 | 0.690 | 0.277 | 10 |

| 乔木覆盖率（%） | 差异显著性（sig.） | | | 影响范围（m） |
| --- | --- | --- | --- | --- |
| | $S_1$（$TB_1$与$TB_2$） | $S_2$（$TB_2$与$TB_3$） | $S_3$（$TB_3$与$TB_4$） | |
| 68～71 | 0.236 | 0.432 | 0.225 | 5 |
| 71～74 | 0.953 | 0.654 | 0.876 | 5 |
| 74～77 | 0.288 | 0.843 | 0.445 | 5 |
| 77～80 | 0.034 | 0.159 | 0.864 | 10 |
| 80～83 | 0.949 | 0.696 | 0.523 | 5 |
| ＞83 | 0.000 | 0.151 | 0.160 | 10 |

### 3.4.2 林盘对周边环境湿度的辐射影响

在冬季，林盘边缘（0m）处的相对湿度为42.89%，5m处的相对湿度为40.88%，10m处的相对湿度为40.87%，15m处的相对湿度为40.64%，20m处的相对湿度为40.72%，整体表现为林盘边缘处的湿度最高。同时将相邻区域测点的湿度两两求差值，各相邻区域的相对湿度差见图3-14。可知$\Delta H_1$的平均值为–2.01%，$\Delta H_2$的平均值为–0.02%，$\Delta H_3$的平均值为0.22%，$\Delta H_4$的平均值为0.08%，表明林盘边缘向外5m范围内的相对湿度变化最大。4组差值中，$\Delta H_1$的值均为负值，即$H_5 < H_0$。大多数林盘的湿度变化满足$|\Delta H_1| > |\Delta H_2| > |\Delta H_3| > |\Delta H_4|$，即变化程度自林盘边缘向外逐渐减小，虽未呈现均匀递减的趋势，却始终符合林盘边缘处湿度最高的特征。因此在冬季，林盘对其周边相邻区域具有一定程度的增湿作用。

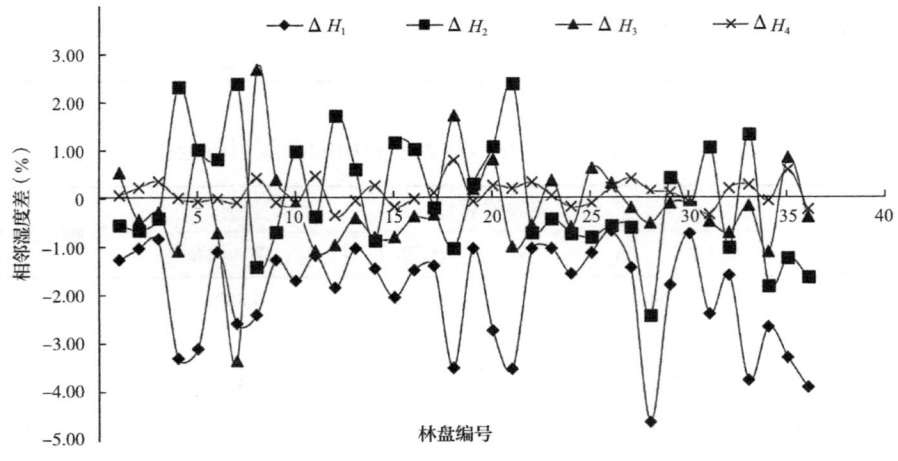

图3-14　冬季36个林盘周边相邻区域的湿度差

在不同的分组条件（按照面积、周长、乔木覆盖率）下，进行相邻差值显著性差异分析，并根据显著性差异确定各林盘湿度的影响范围（表3-46～表3-48）。根据分析可知，在冬季，林盘对周边相邻区域湿度的辐射影响范围多保持在5m以内，仅有少数林盘超过5m，影响达到10m和15m。皮尔森相关性分析显示，在有效影响距离内（5m），冬季林盘对其周边相邻区域的湿度影响程度与林盘面积、周长、乔木覆盖率均不存在线性相关。

表3-46　冬季林盘按面积分组的湿度影响范围

| 面积（$\times 10^3 m^2$） | 差异显著性（sig.） | | | 影响范围（m） |
| --- | --- | --- | --- | --- |
| | $S_1$（$HB_1$与$HB_2$） | $S_2$（$HB_2$与$HB_3$） | $S_3$（$HB_3$与$HB_4$） | |
| <5 | 0.755 | 0.477 | 0.778 | 5 |
| 5～10 | 0480 | 0.892 | 0.960 | 5 |
| 10～15 | 0.741 | 0.720 | 0.720 | 5 |
| 15～20 | 0.200 | 0.049 | 0.951 | 10 |
| 20～25 | 0.836 | 0.403 | 0.910 | 5 |
| 25～30 | 0.005 | 0.071 | 0.720 | 10 |
| 30～35 | 0.422 | 0.394 | 0.592 | 5 |
| 35～40 | 0.119 | 0.251 | 0.852 | 5 |
| 40～45 | 0.145 | 0.152 | 0.652 | 5 |
| 45～50 | 0.329 | 0.823 | 0.888 | 5 |
| 50～55 | 0.009 | 0.079 | 0.864 | 10 |
| 55～60 | 0.452 | 0.851 | 0.898 | 5 |
| 60～65 | 0.732 | 0.649 | 1.000 | 5 |
| 65～70 | 1.000 | 0.223 | 0.862 | 5 |
| 70～75 | 0.796 | 0.531 | 0.931 | 5 |
| 75～80 | 0.100 | 0.805 | 0.852 | 5 |

表3-47　冬季林盘按周长分组的湿度影响范围

| 周长（m） | 差异显著性（sig.） | | | 影响范围（m） |
| --- | --- | --- | --- | --- |
| | $S_1$（$HB_1$与$HB_2$） | $S_2$（$HB_2$与$HB_3$） | $S_3$（$HB_3$与$HB_4$） | |
| 150～250 | 0.088 | 0.755 | 0.529 | 5 |
| 250～350 | 0.089 | 0.682 | 0.953 | 5 |
| 350～450 | 0.952 | 0.916 | 0.954 | 5 |
| 450～550 | 0.585 | 0.230 | 0.773 | 5 |

| 周长（m） | 差异显著性（sig.） | | | 影响范围（m） |
|---|---|---|---|---|
| | $S_1$（$HB_1$与$HB_2$） | $S_2$（$HB_2$与$HB_3$） | $S_3$（$HB_3$与$HB_4$） | |
| 550～650 | 0.595 | 0.397 | 0.935 | 5 |
| 650～750 | 0.005 | 0.071 | 0.720 | 10 |
| 750～850 | 0.941 | 0.481 | 0.717 | 5 |
| 850～950 | 0.450 | 0.567 | 0.874 | 5 |
| 950～1050 | 0.000 | 0.004 | 0.745 | 15 |
| 1050～1150 | 0.522 | 0.765 | 0.989 | 5 |
| 1250～1350 | 0.874 | 0.870 | 0.979 | 5 |
| 1350～1450 | 0.683 | 0.955 | 0.886 | 5 |
| ＞1450 | 0.041 | 0.215 | 0.455 | 10 |

表3-48　冬季林盘按乔木覆盖率分组的湿度影响范围

| 乔木覆盖率（%） | 差异显著性（sig.） | | | 影响范围（m） |
|---|---|---|---|---|
| | $S_1$（$HB_1$与$HB_2$） | $S_2$（$HB_2$与$HB_3$） | $S_3$（$HB_3$与$HB_4$） | |
| 53～56 | 0.534 | 0.675 | 0.906 | 5 |
| 56～59 | 0.730 | 0.719 | 0.988 | 5 |
| 59～62 | 0.763 | 0.794 | 0.993 | 5 |
| 62～65 | 0.002 | 0.048 | 0.299 | 15 |
| 65～68 | 0.215 | 0.214 | 0.929 | 5 |
| 68～71 | 0.437 | 0.940 | 0.976 | 5 |
| 71～74 | 0.064 | 0.033 | 0.659 | 10 |
| 74～77 | 0.846 | 0.797 | 0.721 | 5 |
| 77～80 | 0.471 | 0.758 | 0.992 | 5 |
| 80～83 | 0.442 | 0.961 | 0.913 | 5 |
| ＞83 | 0.763 | 0.959 | 0.935 | 5 |

### 3.4.3　林盘对周边环境风速的辐射影响

在冬季，林盘边缘（0m）处的平均风速为0.20m/s，5m处的平均风速为0.46m/s，10m处的平均风速为0.57m/s，15m处的平均风速为0.68m/s，20m处的平均风速为0.73m/s，风速整体上呈现增大的趋势，大多数林盘在边缘处风速为0m/s。同时将相邻区域的测点数

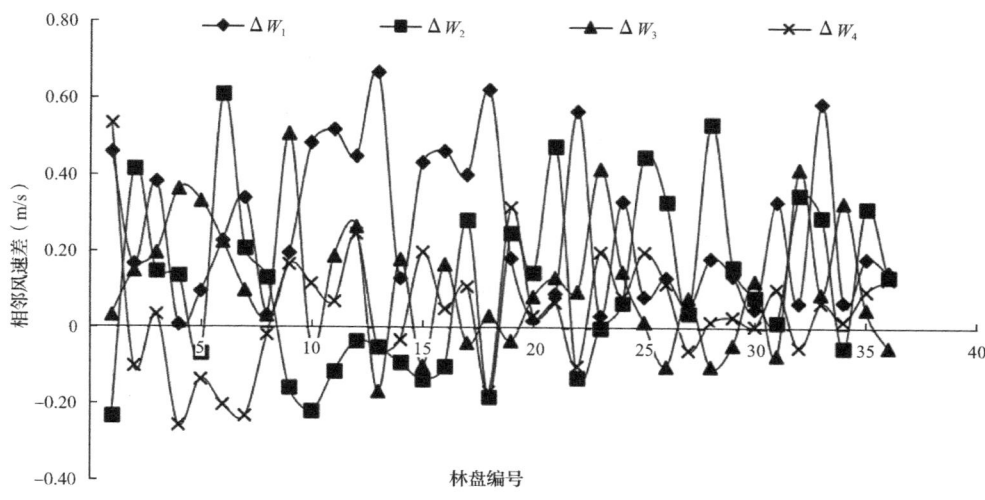

图3-15　冬季36个林盘周边相邻区域的风速差

据两两求差值，相邻区域间的风速差见图3-15，得到 $\Delta W_1$ 的平均值为0.26m/s， $\Delta W_2$ 的平均值为0.11m/s， $\Delta W_3$ 的平均值为0.11m/s， $\Delta W_4$ 的平均值为0.05m/s。4组差值中， $\Delta W_1$ 均大于0，即 $W_5 > W_0$ ，大多数林盘满足 $W_{20} > W_{15} > W_{10} > W_5 > W_0$ ，呈现出自林盘边缘向外风速逐渐增大的趋势。风速在0～5m间的变化程度最大，15～20m间变化程度最小，表明风速的增长程度自边缘往外逐步减弱。由此可知，在冬季，林盘对其周边相邻区域的风速具有一定的减弱作用（图3-15）。

在不同的分组条件（按照面积、周长、乔木覆盖率）下，进行相邻差值显著性差异分析，并根据显著性差异确定林盘对相邻区域风速的影响范围（表3-49～表3-51）。根据分析可知，在冬季，多数林盘对周边相邻区域风速的辐射影响范围保持在5m以内，少数林盘超过5m，达到10m。皮尔森相关性分析显示，在有效影响距离内（5m），冬季林盘对其周边相邻区域风速的影响程度与林盘面积、周长、乔木覆盖率均不存在线性相关。

表3-49　冬季林盘按面积分组的风速影响范围

| 面积（×10³m²） | 差异显著性（sig.） | | | 影响范围（m） |
|---|---|---|---|---|
| | $S_1$（$WB_1$与$WB_2$） | $S_2$（$WB_2$与$WB_3$） | $S_3$（$WB_3$与$WB_4$） | |
| <5 | 0.471 | 0.264 | 0.722 | 5 |
| 5～10 | 0.339 | 0.455 | 0.528 | 5 |
| 10～15 | 0.170 | 0.094 | 0.307 | 5 |

续表

| 面积（×10³m²） | 差异显著性（sig.） | | | 影响范围（m） |
|---|---|---|---|---|
| | $S_1$（$WB_1$与$WB_2$） | $S_2$（$WB_2$与$WB_3$） | $S_3$（$WB_3$与$WB_4$） | |
| 15～20 | 0.235 | 0.003 | 0.020 | 10 |
| 20～25 | 0.694 | 0.978 | 0.822 | 5 |
| 25～30 | 0.166 | 0.661 | 0.135 | 5 |
| 30～35 | 0.677 | 0.967 | 0.834 | 5 |
| 35～40 | 0.104 | 0.829 | 0.149 | 5 |
| 40～45 | 0.196 | 0.406 | 0.908 | 5 |
| 45～50 | 0.731 | 0.014 | 0.185 | 10 |
| 50～55 | 0.000 | 0.568 | 0.042 | 10 |
| 55～60 | 0.155 | 0.959 | 0.918 | 5 |
| 60～65 | 0.010 | 0.277 | 0.622 | 10 |
| 65～70 | 0.239 | 0.277 | 0.870 | 5 |
| 70～75 | 0.673 | 0.463 | 0.874 | 5 |
| 75～80 | 0.033 | 1.000 | 0.252 | 5 |

表3-50　冬季林盘按周长分组的风速影响范围

| 周长（m） | 差异显著性（sig.） | | | 影响范围（m） |
|---|---|---|---|---|
| | $S_1$（$WB_1$与$WB_2$） | $S_2$（$WB_2$与$WB_3$） | $S_3$（$WB_3$与$WB_4$） | |
| 150～250 | 0.492 | 0.431 | 0.326 | 5 |
| 250～350 | 0.443 | 0.307 | 0.511 | 5 |
| 350～450 | 0.750 | 0.298 | 0.880 | 5 |
| 450～550 | 0.142 | 0.517 | 0.408 | 5 |
| 550～650 | 0.823 | 0.722 | 0.823 | 5 |
| 650～750 | 0.166 | 0.661 | 0.135 | 5 |
| 750～850 | 0.702 | 0.914 | 0.975 | 5 |
| 850～950 | 0.207 | 0.675 | 0.526 | 5 |
| 950～1050 | 0.056 | 0.061 | 0.085 | 5 |
| 1050～1150 | 0.394 | 0.369 | 0.613 | 5 |
| 1250～1350 | 0.148 | 0.880 | 0.777 | 5 |
| 1350～1450 | 0.360 | 0.910 | 0.708 | 5 |
| >1450 | 0.354 | 0.249 | 0.809 | 5 |

表3-51 冬季林盘按乔木覆盖率分组的风速影响范围

| 乔木覆盖率（%） | 差异显著性（sig.） | | | 影响范围（m） |
|---|---|---|---|---|
| | $S_1$（$WB_1$与$WB_2$） | $S_2$（$WB_2$与$WB_3$） | $S_3$（$WB_3$与$WB_4$） | |
| 53～56 | 0.960 | 0.312 | 0.946 | 5 |
| 56～59 | 0.389 | 0.553 | 0.440 | 5 |
| 59～62 | 0.376 | 0.229 | 0.638 | 5 |
| 62～65 | 0.972 | 0.515 | 0.240 | 5 |
| 65～68 | 0.022 | 0.729 | 0.894 | 10 |
| 68～71 | 0.047 | 0.256 | 0.284 | 5 |
| 71～74 | 0.945 | 0.078 | 0.540 | 5 |
| 74～77 | 0.937 | 0.718 | 0.826 | 5 |
| 77～80 | 0.440 | 0.771 | 0.671 | 5 |
| 80～83 | 0.534 | 0.667 | 0.821 | 5 |
| >83 | 0.048 | 0.950 | 0.900 | 10 |

## 3.4.4 林盘对周边环境光照的辐射影响

在冬季，林盘边缘（0m）的平均光照强度为155.32μmol/（$m^2$·s），5m处的平均光照强度为235.81μmol/（$m^2$·s），10m处的平均光照强度为253.89μmol/（$m^2$·s），15m处的平均光照强度为263.15μmol/（$m^2$·s），20m处的平均光照强度为267.43μmol/（$m^2$·s），光照平均值整体满足$I_0<I_5<I_{10}<I_{15}<I_{20}$，林盘边缘处的光照强度最低。同时将相邻区域测点的数据两两求差值，相邻区域间的光照强度差见图3-16。$\Delta I_1$的平均值为80.49μmol/（$m^2$·s），$\Delta I_2$的平均值为18.08μmol/（$m^2$·s），$\Delta I_3$的平均值为9.26μmol/（$m^2$·s），$\Delta I_4$的平均值为4.28μmol/（$m^2$·s），可知从林盘边缘向外5m范围内的光照强度变化最大。4组差值中，$\Delta I_1$和$\Delta I_2$的值均为正值，即$I_{10}>I_5>I_0$，大部分林盘自边缘向外，光照强度逐渐增强（$I_{20}>I_{15}>I_{10}>I_5>I_0$）。因此在冬季，林盘对其周边相邻区域的光照具有一定的遮挡作用。

在不同的分组条件（按照面积、周长、乔木覆盖率）下，进行相邻区域差值的差异显著性分析，并根据差异显著性确定林盘对光照强度的影响范围（表3-52～表3-54）。由分析可知，在冬季，林盘对周边相邻区域光照的影响范围最大不超过10m，大部分保持在5m以内。皮尔森相关性分析显示，在有效影响距离内（5m），冬季林盘对其周边相邻区域的光照影响程度与林盘面积、周长、乔木覆盖率均不存在线性相关。

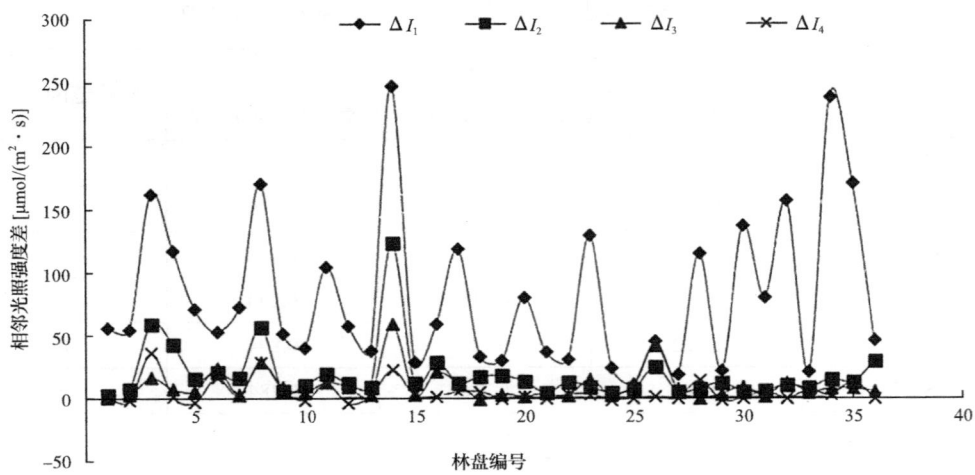

图3-16 冬季36个林盘周边相邻区域的光照差

### 表3-52 冬季林盘按面积分组的光照影响范围

| 面积（×10³m²） | 差异显著性（sig.） | | | 影响范围（m） |
| --- | --- | --- | --- | --- |
| | $S_1$（$IB_1$与$IB_2$） | $S_2$（$IB_2$与$IB_3$） | $S_3$（$IB_3$与$IB_4$） | |
| <5 | 0.647 | 0.916 | 0.888 | 5 |
| 5~10 | 0.629 | 0.791 | 0.851 | 5 |
| 10~15 | 0.205 | 0.286 | 0.760 | 5 |
| 15~20 | 0.552 | 0.685 | 0.903 | 5 |
| 20~25 | 0.642 | 0.831 | 0.935 | 5 |
| 25~30 | 0.389 | 0.623 | 0.946 | 5 |
| 30~35 | 0.704 | 0.897 | 0.903 | 5 |
| 35~40 | 0.019 | 0.757 | 0.965 | 10 |
| 40~45 | 0.000 | 0.192 | 0.653 | 10 |
| 45~50 | 0.920 | 0.893 | 0.997 | 5 |
| 50~55 | 0.585 | 0.362 | 0.993 | 5 |
| 55~60 | 0.889 | 0.942 | 0.879 | 5 |
| 60~65 | 0.022 | 0.095 | 0.630 | 10 |
| 65~70 | 0.967 | 0.849 | 0.947 | 5 |
| 70~75 | 0.906 | 0.953 | 0.968 | 5 |
| 75~80 | 0.678 | 0.906 | 0.906 | 5 |

表3-53 冬季林盘按周长分组的光照影响范围

| 周长（m） | 差异显著性（sig.） | | | 影响范围（m） |
|---|---|---|---|---|
| | $S_1$（$IB_1$与$IB_2$） | $S_2$（$IB_2$与$IB_3$） | $S_3$（$IB_3$与$IB_4$） | |
| 150～250 | 0.786 | 0.943 | 0.893 | 5 |
| 250～350 | 0.464 | 0.740 | 0.904 | 5 |
| 350～450 | 0.748 | 0.871 | 0.882 | 5 |
| 450～550 | 0.672 | 0.808 | 0.897 | 5 |
| 550～650 | 0.765 | 0.886 | 0.970 | 5 |
| 650～750 | 0.389 | 0.623 | 0.946 | 5 |
| 750～850 | 0.772 | 0.941 | 0.944 | 5 |
| 850～950 | 0.006 | 0.444 | 0.911 | 10 |
| 950～1050 | 0.887 | 0.810 | 0.988 | 5 |
| 1050～1150 | 0.896 | 0.878 | 0.999 | 5 |
| 1250～1350 | 0.838 | 0.933 | 0.913 | 5 |
| 1350～1450 | 0.816 | 0.940 | 0.934 | 5 |
| ＞1450 | 0.776 | 0.125 | 0.887 | 5 |

表3-54 冬季林盘按乔木覆盖率分组的光照影响范围

| 乔木覆盖率（%） | 差异显著性（sig.） | | | 影响范围（m） |
|---|---|---|---|---|
| | $S_1$（$IB_1$与$IB_2$） | $S_2$（$IB_2$与$IB_3$） | $S_3$（$IB_3$与$IB_4$） | |
| 53～56 | 0.772 | 0.935 | 0.891 | 5 |
| 56～59 | 0.442 | 0.422 | 0.574 | 5 |
| 59～62 | 0.773 | 0.882 | 0.957 | 5 |
| 62～65 | 0.286 | 0.541 | 0.973 | 5 |
| 65～68 | 0.558 | 0.532 | 0.989 | 5 |
| 68～71 | 0.806 | 0.777 | 0.992 | 5 |
| 71～74 | 0.017 | 0.415 | 0.609 | 10 |
| 74～77 | 0.734 | 0.872 | 0.930 | 5 |
| 77～80 | 0.771 | 0.910 | 0.933 | 5 |
| 80～83 | 0.574 | 0.845 | 1.000 | 5 |
| ＞83 | 0.797 | 0.995 | 0.852 | 5 |

## 3.5 四季数据的横向对比

通过四季对林盘周边一定范围温度、湿度、风速、光照的测量分析后发现，林盘对周边环境的四个微气候参数均产生了一定程度的辐射影响（表3-55）。在温度方面（表3-56），春、夏、秋三个季节，林盘会对周边环境产生不同程度的降温。但在冬季，林盘却对周边环境起到保温作用，结论与王六平等人在"冷岛"效应中温度对城市绿地的响应研究结论相似，都体现了在"冷岛"中，绿地对周边低温区域的保温作用。在湿度方面，春、秋、冬三季林盘对周边起到增湿作用，但夏季却呈现减湿作用。而在风速和光照方面，四季林盘对周边均起到一定程度的防风和遮光作用。林盘对周边相邻区域微气候的辐射影响主要集中在距林盘边缘5m和10m的范围内，也有个别林盘的影响范围超过10m，达到15m和20m。整体上，林盘对周边相邻区域微气候的辐射影响随着范围的增大而减弱。在四季中，林盘对相邻区域温度和光照的影响距离均不超过5m，对相邻区域湿度和风速的影响范围在部分季节有所延伸，达到10m，但影响范围远小于城市绿地对周边相邻区域的影响范围。如菅原等提出绿地"冷岛效应"的辐射影响范围能到绿地边界外的200m。栾庆祖等指出城市绿地斑块对周边100m范围内的建筑具有降温作用。这可能是由于城市绿地周边复杂的下垫面，令绿地与周边环境微气候差异更加显著，同时绿地的尺度也会对范围的大小产生一定的影响。

表3-55　四季林盘对周边微气候的辐射影响

| 季节 | 温度 | | 湿度 | | 风速 | | 光照 | |
| --- | --- | --- | --- | --- | --- | --- | --- | --- |
| | 影响情况 | 影响范围（m） | 影响情况 | 影响范围（m） | 影响情况 | 影响范围（m） | 影响情况 | 影响范围（m） |
| 春季 | 降温 | 5 | 增湿 | 10 | 防风 | 5 | 遮光 | 5 |
| 夏季 | 降温 | 5 | 减湿 | 10 | 防风 | 5 | 遮光 | 5 |
| 秋季 | 降温 | 5 | 增湿 | 5 | 防风 | 10 | 遮光 | 5 |
| 冬季 | 保温 | 5 | 增湿 | 5 | 防风 | 5 | 遮光 | 5 |

表3-56　林盘周边四季温度变化情况

| 季节 | 温度情况 | 温度变化幅度（℃） | 平均值（℃） |
| --- | --- | --- | --- |
| 春季 | 降温 | 1.03 ~ 2.19 | 1.46 |
| 夏季 | 降温 | 1.33 ~ 2.94 | 1.99 |

续表

| 季节 | 温度情况 | 温度变化幅度（℃） | 平均值（℃） |
|---|---|---|---|
| 秋季 | 降温 | 0.50～1.87 | 1.14 |
| 冬季 | 升温 | 0.57～2.24 | 1.10 |

在湿度方面（表3-57），林盘对其周边相邻区域的增湿效应在冬季强于春季和秋季。林盘在冬季的增湿效应，能改善成都平原冬季较为干燥的气候状况，可营造相对舒适的冬季户外环境。但在夏季，林盘对其周边相邻区域的湿度影响表现为减湿作用，这与城市绿地对周边环境具有一定的增湿作用的结论有所不同。成都平原夏季高温高湿，闷热多雨，减湿作用符合当地居民对夏季更加舒适的微气候的需求。

表3-57　林盘周边四季湿度变化情况

| 季节 | 湿度情况 | 湿度变化幅度（%） | 平均值（%） |
|---|---|---|---|
| 春季 | 增湿 | 0.51～5.28 | 1.73 |
| 夏季 | 减湿 | 0.45～5.58 | 1.70 |
| 秋季 | 增湿 | 0.75～3.68 | 1.96 |
| 冬季 | 增湿 | 1.08～3.69 | 2.07 |

在风速方面（表3-58），林盘在四季都对其周边相邻区域表现出防风效应，主要归因于林盘中常绿树种（竹、榕）的大面积使用。在夏季，林盘对其周边相邻区域的防风效应最强，风速变化幅度为0.16～0.57m/s。但在秋季与冬季，其防风效应差异不显著，但均大于春季。在光照方面（表3-59），夏季的林盘对其周边相邻区域的光照减弱程度最高，减弱范围为34.25～368.75μmol/（$m^2 \cdot s$）；冬季的光照减弱程度最低，减弱范围在15.50～142.83μmol/（$m^2 \cdot s$）之间。

表3-58　林盘周边四季风速变化情况

| 季节 | 风速情况 | 风速变化幅度（m/s） | 平均值（m/s） |
|---|---|---|---|
| 春季 | 防风 | 0.00～0.46 | 0.19 |
| 夏季 | 防风 | 0.16～0.57 | 0.35 |
| 秋季 | 防风 | 0.02～0.65 | 0.28 |
| 冬季 | 防风 | 0.06～0.53 | 0.30 |

表3-59　林盘周边四季光照变化情况

| 季节 | 光照情况 | 光照变化幅度 [μmol/（m² · s）] | 平均值 [μmol/（m² · s）] |
|---|---|---|---|
| 春季 | 遮光 | 8.50 ~ 414.00 | 137.42 |
| 夏季 | 遮光 | 34.25 ~ 368.75 | 193.30 |
| 秋季 | 遮光 | 41.50 ~ 122.50 | 85.33 |
| 冬季 | 遮光 | 15.50 ~ 142.83 | 72.73 |

　　此外，任何季节，在林盘的有效微气候影响范围内，林盘面积、周长、乔木覆盖率与微气候变化程度均不存在相关性。即在林盘的有效微气候影响范围内，林盘的尺度和乔木覆盖率的变化并不会对其周边环境微气候的变化程度产生影响，越小的林盘带来的微气候调适效益反而越高。

## 第 4 章

# 川西林盘乔木景观层的水文
# 过程与功能

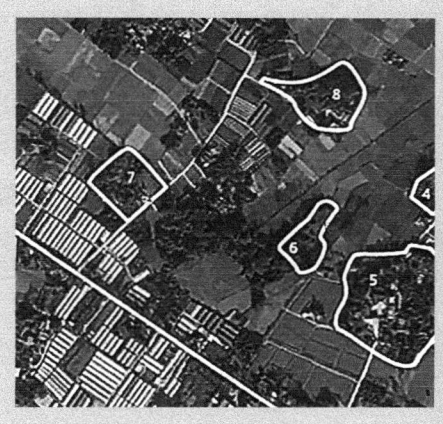

本章以林盘样地为研究对象，通过对林盘乔木层四季降雨的再分配监测，得到样地代表树种的树干茎流量（$FS$）、透落雨量（$PT$）和冠层截留量（$IC$）的基本情况，明晰了不同降雨特征和林地特征对雨水再分配的影响。本章的成果可为节水型林盘树种的选择提供科学支撑。

# 4.1 观测期间13次降雨事件的特征

2018年，在林盘样地共监测13场降雨，即春季3场降雨，夏季4场降雨，秋季3场降雨和冬季3场降雨（表4-1）。总降雨量为116.20mm，占年降雨量的13.2%，其中春季17.80mm，夏季69.40mm，秋季18.60mm，冬季10.40mm。8场降雨（61.5%）的降雨量未超过10mm，仅有一场降雨（7.7%）的降雨量超过25mm。降雨持续时间介于2.93～31.54h之间，降雨强度范围为0.1～3.62mm/h。

表4-1　2018年13次降雨事件的监测情况

| 编号 | 降雨日期 | 持续时间（h） | 总降雨量（mm） | 降雨强度（mm/h） |
|---|---|---|---|---|
| 1 | 1月27日 | 12.32 | 2.60 | 0.21 |
| 2 | 2月24日 | 31.54 | 6.80 | 0.22 |
| 3 | 3月29日 | 6.08 | 5.00 | 0.82 |
| 4 | 4月8日 | 3.98 | 2.20 | 0.55 |
| 5 | 5月6日 | 2.93 | 10.6 | 3.62 |
| 6 | 6月15日 | 22.2 | 6.00 | 0.27 |
| 7 | 7月20日 | 28.05 | 16.00 | 0.57 |
| 8 | 8月4日 | 7.71 | 16.00 | 2.08 |
| 9 | 8月10日 | 11.47 | 31.40 | 2.74 |
| 10 | 9月30日 | 21.21 | 13.8 | 0.65 |
| 11 | 10月11日 | 5.36 | 1.80 | 0.34 |
| 12 | 11月30日 | 4.08 | 3.00 | 0.74 |
| 13 | 12月26日 | 10.18 | 1.00 | 0.1 |
| 总量 | | 167.11 | 116.20 | |

## 4.2 春季结果分析

### 4.2.1 林地冠层降雨截留监测结果

春季观测期间共监测有效降雨3场，林外降雨总量为17.80mm，约占三道堰镇春季平均降雨量的12%，其中单次降雨量分别为2.20mm、5.00mm、10.60mm，降雨时长分别为3.98h、6.08h、2.93h，平均降雨量为5.93mm。春季各林地冠层截留汇总情况见表4-2，林地树干茎流量在0.64～5.81mm之间变化，透落雨量在4.05～15.31mm之间变化，冠层截留量在0.93～13.11mm之间变化，冠层总截留率在5.22%～73.65%之间变化。在春季，不同类型林地的总截留量差异较大，冠层截留率也显示出较大的差别。同类林地的冠层截留率也显示出相差较大的特点。其中，冠层截留率最高的是4号林盘中的水杉林，最低的是10号林盘中的枫杨林。

表4-2　春季8种乔木林地的雨水再分配过程表

| 编号 | 林地类型 | 林外降雨总量（mm） | 树干茎流量（mm） | 透落雨量（mm） | 冠层截留量（mm） | 冠层截留率（%） |
|---|---|---|---|---|---|---|
| 1-1 | 黑壳楠林 | 17.80 | 3.53 | 10.91 | 3.36 | 18.88 |
| 2-1 | 银杏林 | 17.80 | 5.71 | 8.00 | 4.09 | 22.98 |
| 3-1 | 慈竹林 | 17.80 | 0.72 | 13.38 | 3.70 | 20.79 |
| 3-2 | 柚林 | 17.80 | 4.97 | 11.43 | 1.40 | 7.87 |
| 3-3 | 天竺桂林 | 17.80 | 3.34 | 8.17 | 6.29 | 35.34 |
| 4-1 | 水杉林 | 17.80 | 0.64 | 4.05 | 13.11 | 73.65 |
| 4-2 | 喜树林 | 17.80 | 0.80 | 14.78 | 2.22 | 12.47 |
| 5-1 | 香樟林 | 17.80 | 1.24 | 15.31 | 1.25 | 7.02 |
| 5-2 | 香樟林 | 17.80 | 2.08 | 12.43 | 3.29 | 18.48 |
| 5-3 | 楠木林 | 17.80 | 0.83 | 13.80 | 3.17 | 17.81 |
| 6-1 | 枫杨林 | 17.80 | 1.40 | 10.51 | 5.89 | 33.09 |
| 6-2 | 桂花林 | 17.80 | 5.81 | 7.13 | 4.86 | 27.30 |
| 7-1 | 天竺桂林 | 17.80 | 3.21 | 7.47 | 7.12 | 40.00 |
| 8-1 | 水杉林 | 17.80 | 1.94 | 11.99 | 3.87 | 21.74 |
| 9-1 | 枫杨林 | 17.80 | 4.04 | 12.77 | 0.99 | 5.56 |
| 10-1 | 黑壳楠林 | 17.80 | 3.07 | 12.64 | 2.09 | 11.74 |
| 10-2 | 枫杨林 | 17.80 | 2.49 | 14.38 | 0.93 | 5.22 |

由图4-1可知，树干茎流量、透落雨量、冠层截留量三者呈现不一致的变化趋势。在林外降雨量17.80mm的条件下，不同林地的透落雨量变化较大，最大差值为11.26mm，树干茎流量变化较小，最大差值为5.17mm。同一林地的透落雨量均大于树干茎流量。而冠层截留量的变化范围也较大，最大差值为12.18mm，除4号林盘中的水杉林之外，其余林地均小于8mm并低于透落雨量，约94%林地的冠层截留率低于45%。

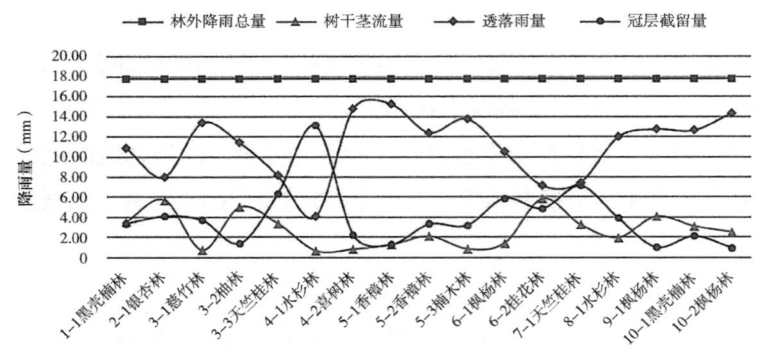

图4-1　春季8种乔木林地的雨水再分配过程图

## 4.2.2　林地冠层截留与降雨特征的分析

### 1. 林地冠层截留与降雨量的分析

将春季3次林外降雨按照单次降雨量级划分为2次小雨（低于10mm）和1次中雨（10～25mm），分别对这两个降雨量级的各林地冠层截留情况进行汇总，并绘制柱状图—折线图组合图进行比较分析（图4-2～图4-4）。

小雨量级的树干茎流量在0～2.07mm之间变化，树干茎流率在0～28.75%之间变化；中雨量级的树干茎流量在0.52～4.79mm之间变化，树干茎流率在4.91%～45.19%之间变化。约88%林地的中雨量级树干茎流率高于小雨量级。而柚林和天竺桂林表现出异常，柚林的树干茎流量受到的降雨量影响较小，小雨量级的天竺桂林树干茎流量反而更大。对2个降雨量级的树干茎流率显著性差异进行分析（表4-10），结果表明春季同一林地的树干茎流率受到小雨量级和中雨量级变化的影响较大，同一降雨量不同林地之间的树干茎流率差异明显。

小雨量级的透落雨量在1.55～6.10mm之间变化；中雨量级的透落雨量在2.50～9.83mm之间变化，各林地中雨量级透落雨量的绝对量值高于小雨量级。小雨量级的透落雨比率在

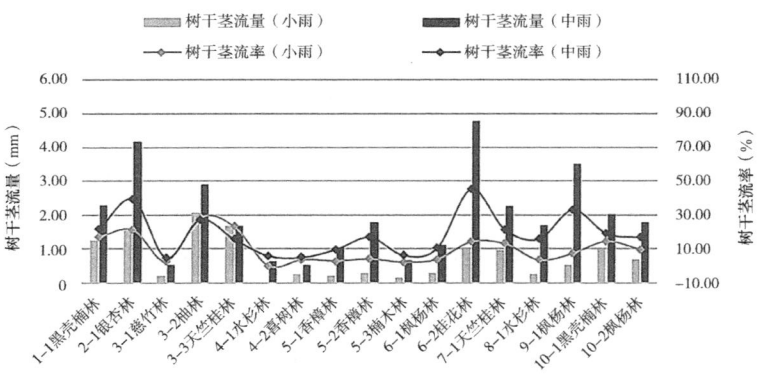

图4-2　不同降雨量级的树干茎流变化

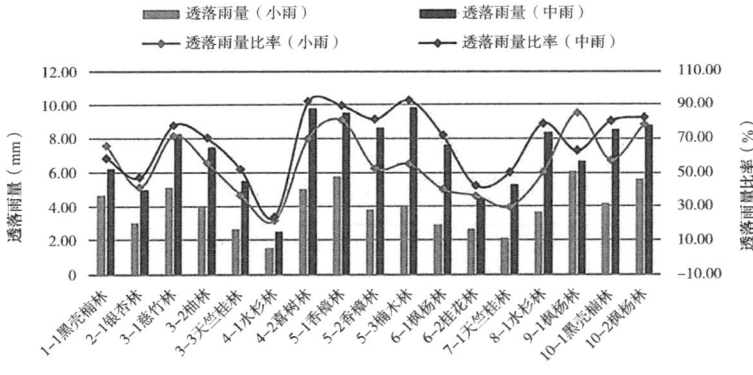

图4-3　不同降雨量级的透落雨变化

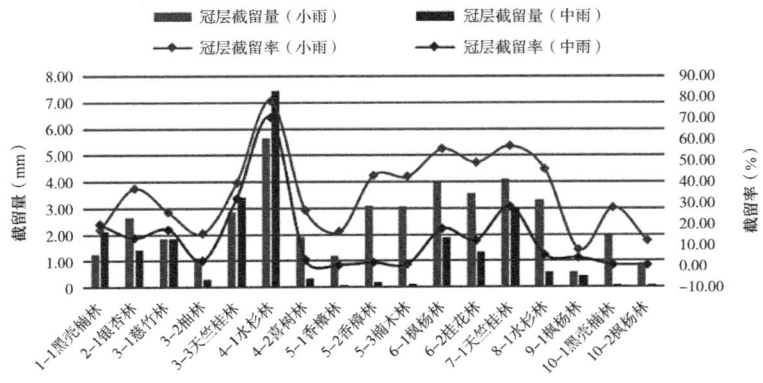

图4-4　不同降雨量级的冠层截留变化

21.53%～84.72%之间变化，中雨量级的透落雨比率在23.58%～92.74%间变化。各林地两个降雨量级的透落雨量比率均高于20%。约88%林地的中雨量级透落雨量比率略高于小雨量级透落雨量比率。对两个降雨量级的透落雨量比率的差异性进行分析（表4-3），结果表明，在春季，林地的透落雨量受到降雨量级变化的影响较大，同一降雨量级不同林地之间的透落雨量比率差异明显。

对冠层截留而言，小雨量级的冠层截留量在0.57～5.65mm之间变化，中雨量级的冠层截留量在0.06～7.46mm变化，中雨量级林地冠层截留量的变化程度大于小雨量级。约76%林地的小雨量级冠层截留量大于中雨量级的冠层截留量。小雨量级的冠层截留量在7.92%～78.47%之间变化，中雨量级的冠层截留量在0.57%～70.38%之间变化。约94%林地小雨量级的冠层截留率大于中雨量级冠层截留率，表明春季大多数林地在降雨量较小的情况下，树木的茎干枝叶能充分发挥对雨水的吸收作用，冠层截留雨量的效率更高。对不同降雨量级冠层截留率的差异性进行分析（表4-3），结果表明，在春季，同一林地不同降雨量级的冠层截留率差异显著，同一降雨量级不同林地的冠层截留率差异也显著。

表4-3　小雨量级和中雨量级的树干茎流率、透落雨量比率和冠层截留率的差异性分析

| 参数 | 差异性指数$P$ | |
| --- | --- | --- |
| | 林地类型 | 降雨量级 |
| 树干茎流率（$FS\%$） | 0.01* | 0.00* |
| 透落雨量比率（$PT\%$） | 0.00* | 0.00* |
| 冠层截留率（$IC\%$） | 0.00* | 0.00* |

注：$P$为发生某件事的可能性大小，当$P<0.05$时表明数值之间存在显著的统计学差异，标记为*。

### 2. 林地冠层截留与降雨强度的分析

在春季，3次降雨的林外降雨量（2.20mm、5.00mm和10.60mm）对应的降雨时长分别为3.98h、6.08h、2.93h。用降雨量与降雨时长的比值表示降雨强度，分别为0.55mm/h、0.82mm/h和3.62mm/h。对这3种降雨强度的树干茎流量、透落雨量、冠层截留量及其与林外降雨量的比值进行比较分析，并绘制柱状图—折线图组合图（图4-5～图4-7）。

由图可知，春季的3次降雨中林地树干茎流量表现为降雨强度越大，茎流量越大。约88%的林地在3.62mm/h降雨强度时的树干茎流量较大。当降雨强度较为接近时，大部分林地的树干茎流率也较为接近。同样，各林地的透落雨量也随着降雨强度的提升而增大，但林地间不同降雨强度的透落雨量比率变化差异较大。

降雨强度为3.62mm/h时大部分林地的冠层截留率相对较低。对不同降雨强度的

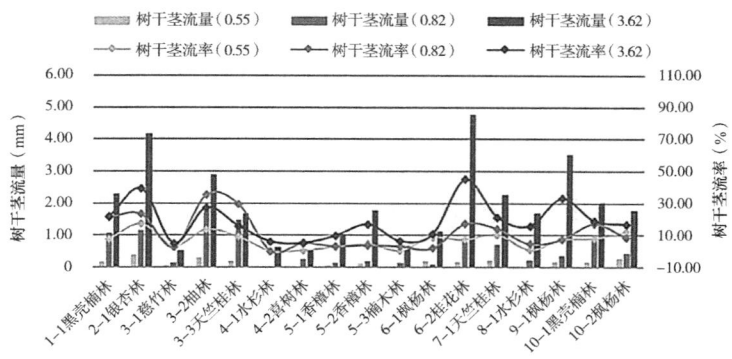

图4-5 不同降雨强度的树干茎流变化

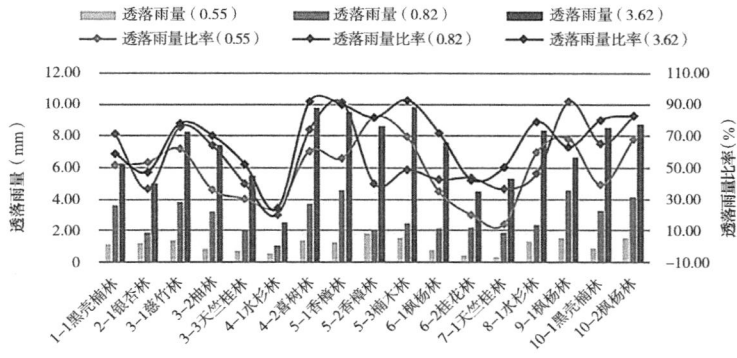

图4-6 不同降雨强度的透落雨变化

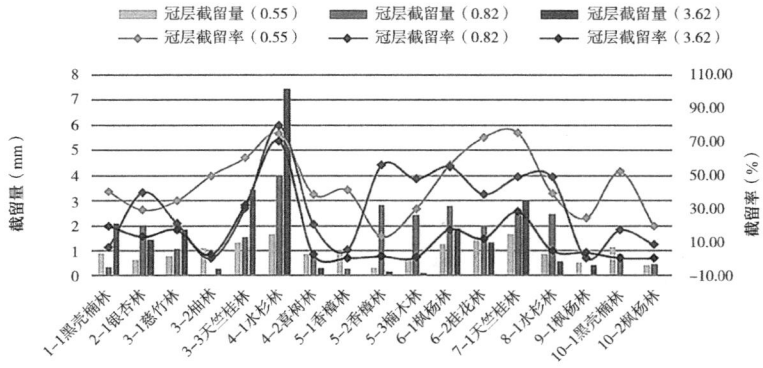

图4-7 不同降雨强度的冠层截留变化

各林地冠层截留率进行差异性分析，得到林地类型及降雨强度的检验统计量的概率$P<0.05$，表明不同降雨强度各林地的冠层截留率差异显著，冠层截留率受到降雨强度与林地类型的影响较大。

### 4.2.3　林地冠层截留与林地特征的分析

将林地分为常绿阔叶林、落叶阔叶林和落叶针叶林3类。计算不同降雨量级各类林地的冠层截留量和冠层截留率平均值，绘制柱状图进行分析（图4-8）。在春季，由于各类植物叶片处于不断生长的过程，叶面积指数（$LAI$）不断变化，故需在收集雨量的同时测定各林地的叶面积指数，分别对3类林地的叶面积指数求平均值（表4-4），结果显示，3类林地的平均叶面积指数表现为常绿阔叶林＞落叶阔叶林和落叶针叶林，落叶阔叶林≈落叶针叶林。

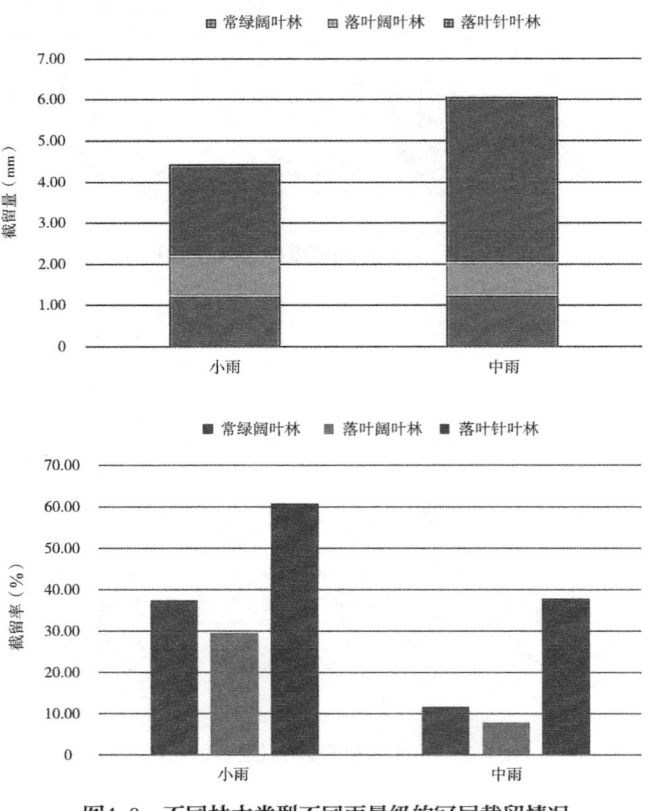

图4-8　不同林木类型不同雨量级的冠层截留情况

表4-4 春季不同林地类型的平均叶面积指数

| | 常绿阔叶林 | 落叶阔叶林 | 落叶针叶林 |
|---|---|---|---|
| 叶面积指数（LAI） | 1.28 | 0.96 | 0.97 |

由图4-8可知，不同降雨量级的阔叶林冠层截留量变化不大，而中雨量级的针叶林冠层截留量多于小雨量级的针叶林。对于同类林木，小雨量级的冠层截留率均大于中雨，表明小雨时林木冠层的截留效率更高；同一降雨量级不同类型林木的冠层，其截留能力有一致性，均表现为落叶针叶林＞常绿阔叶林＞落叶阔叶林。在春季，落叶阔叶林的新叶处于生长时期，其叶面积指数低于常绿阔叶林，故常绿阔叶林的冠层截留率大于落叶阔叶林。虽然落叶针叶林的叶面积指数较低，但其在不同降雨量级展示出更大的冠层截留率，推测可能与针叶林细小密集的叶片空间结构有关。

# 4.3 夏季结果分析

## 4.3.1 林地冠层降雨截留监测结果

在夏季，观测期间共监测到有效降雨4场，总降雨量为69.40mm，约占三道堰镇夏季平均降雨量的13%，其中单次降雨量分别为6.00mm、16.00mm、16.00mm、31.40mm，降雨时长分别为22.20h、28.05h、7.71h、11.47h，平均降雨量为17.35mm。夏季各林地冠层截留汇总情况见表4-5，林地的树干茎流量在1.97～24.54mm之间变化，透落雨量在19.46～58.22mm之间变化，冠层截留量在4.01～45.73mm之间变化，冠层截留率的变化范围为5.78%～65.89%。在夏季，不同乔木的冠层截留率显示出较大的差别。不同林盘中的同一种类乔木的冠层截留率也显示出相差较大的特点。其中，截留率最高的仍是4号林盘中的水杉林，最低截留率为10号林盘中的枫杨林。

表4-5 夏季8种乔木林地的雨水再分配过程表

| 编号 | 林地类型 | 林外降雨量（mm） | 树干茎流量（mm） | 透落雨量（mm） | 冠层截留量（mm） | 冠层截留率（%） |
|---|---|---|---|---|---|---|
| 1-1 | 黑壳楠林 | 69.40 | 15.40 | 45.50 | 8.50 | 12.25 |
| 2-1 | 银杏林 | 69.40 | 17.40 | 46.11 | 5.89 | 8.49 |

续表

| 编号 | 林地类型 | 林外降雨量（mm） | 树干茎流量（mm） | 透落雨量（mm） | 冠层截留量（mm） | 冠层截留率（%） |
|------|----------|------------------|------------------|----------------|------------------|------------------|
| 3–1 | 慈竹林 | 69.40 | 1.97 | 58.22 | 9.21 | 13.27 |
| 3–2 | 柚林 | 69.40 | 14.93 | 42.24 | 12.23 | 17.62 |
| 3–3 | 天竺桂林 | 69.40 | 2.63 | 32.31 | 34.46 | 49.65 |
| 4–1 | 水杉林 | 69.40 | 4.21 | 19.46 | 45.73 | 65.89 |
| 4–2 | 喜树林 | 69.40 | 6.70 | 57.16 | 5.54 | 7.98 |
| 5–1 | 香樟林 | 69.40 | 9.11 | 49.74 | 10.55 | 15.20 |
| 5–2 | 香樟林 | 69.40 | 10.78 | 50.86 | 7.76 | 11.18 |
| 5–3 | 楠木林 | 69.40 | 10.57 | 46.25 | 12.58 | 18.13 |
| 6–1 | 枫杨林 | 69.40 | 4.18 | 47.23 | 17.99 | 25.92 |
| 6–2 | 桂花林 | 69.40 | 24.54 | 26.10 | 18.76 | 27.03 |
| 7–1 | 天竺桂林 | 69.40 | 8.65 | 39.22 | 21.53 | 31.02 |
| 8–1 | 水杉林 | 69.40 | 10.89 | 47.51 | 11.00 | 15.85 |
| 9–1 | 枫杨林 | 69.40 | 8.03 | 51.50 | 9.87 | 14.22 |
| 10–1 | 黑壳楠林 | 69.40 | 10.57 | 45.48 | 13.35 | 19.24 |
| 10–2 | 枫杨林 | 69.40 | 17.41 | 47.98 | 4.01 | 5.78 |

由图4-9可知，树干茎流量、透落雨量和冠层截留量三者均呈现不一致的变化趋势。在林外降雨量为69.40mm的情况下，不同类型林地的透落雨量变化较大，最大差值为38.76mm，树干茎流量的变化较小，最大差值为22.57mm。同一林地的透落雨量均大于树干茎流量。而冠层截留量的变化范围也较大，最大差值为41.72mm，约71%林地的冠层截留率低于20%。表明在降雨量较大的夏季，大多数林地的冠层表现出较低的截留效率。

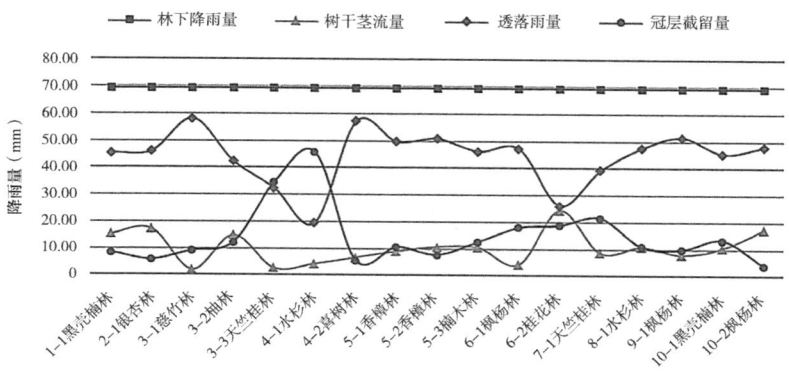

图4-9　夏季8种乔木林地的雨水再分配过程图

### 4.3.2　林地冠层截留与降雨特征的分析

1. 林地冠层截留与降雨量的分析

将夏季4次降雨按其降雨量等级划分为1次小雨（低于10mm）、2次中雨（10～25mm），1次大雨（25～50mm），分别对这3个降雨量等级的各林地冠层截留情况进行汇总，并绘制柱状图—折线图组合图（图4-10～图4-12）。

小雨量级的树干茎流量在0～0.54mm之间变化；中雨量级的树干茎流量在0.84～12.25mm之间变化；大雨量级的树干茎流量在0.82～12.27mm之间变化。同一林地小雨量级的树干茎流量远小于中雨量级和大雨量级的树干茎流量。小雨量级的树干茎流率在0～9.00%之间变化，中雨量级的树干茎流率在2.63%～38.28%之间变化，大雨量级下的树干茎流率在2.61%～39.08%之间变化。同一林地小雨量级的树干茎流率远小于中雨量级和大雨量级，各林地之间相差较小且均不超过10%。对3个降雨量级树干茎流

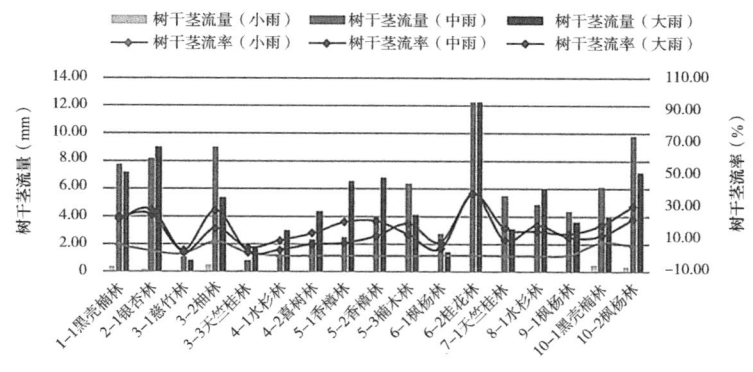

图4-10　不同降雨量级的树干茎流变化

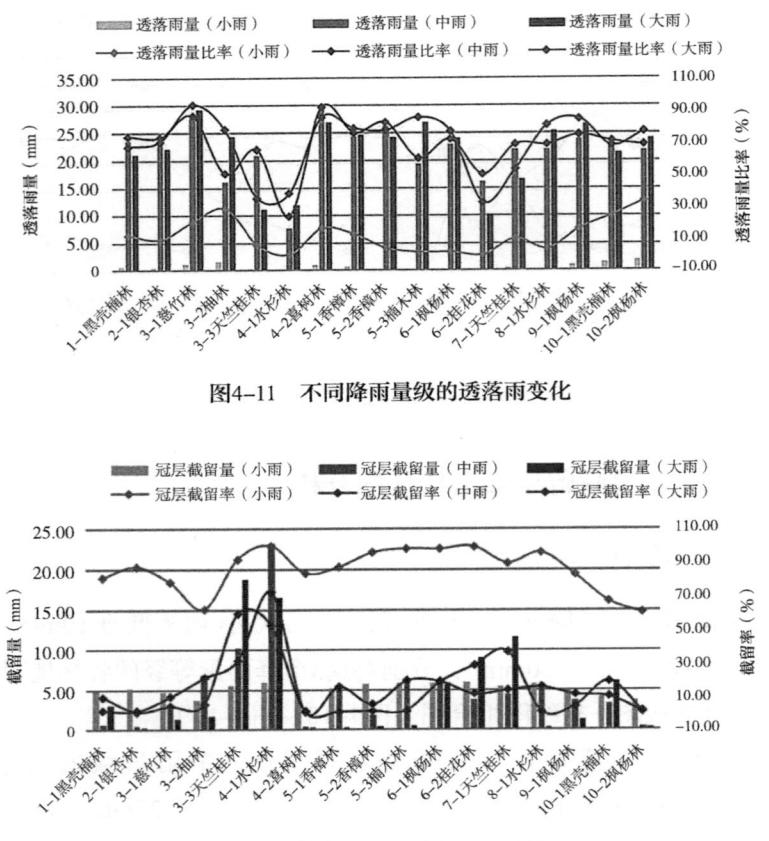

图4-11　不同降雨量级的透落雨变化

图4-12　不同降雨量级的冠层截留变化

率开展差异性分析，结果显示，虽然小雨量级的树干茎流率与其他降雨量级相比差异显著（表4-6、表4-7），但中雨和大雨量级的树干茎流量差异不显著，表明夏季同一林地的树干茎流率受到降雨量的影响较大，但当降雨量超过一定阈值，其受到的影响变小。同一降雨量级不同林地间树干茎流率变化较大，桂花林的树干茎流率最高，中雨量级和大雨量级接近40%，而其余林地则不超过30%。

小雨量级的透落雨量在0~1.99mm之间变化，中雨量级的透落雨量在7.57~29.36mm之间变化，大雨量级的透落雨量在10.10~29.31mm之间变化。同一林地小雨量级的透落雨量远小于中雨量级和大雨量级的透落雨量。小雨量级的透落雨量比率在0~33.17%之间变化，中雨量级的透落雨量比率在23.66%~91.75%之间变化，大雨量级透落雨量比率在32.17%~93.34%之间变化。对3个降雨量级透落雨量比率的差异性进行分析（表4-6、表4-7），结果表明，在夏季，虽然3个降雨量级的透落雨量比率差异显著，但中雨量级和大雨量级的透落雨量比率差异不显著，表明雨量超过一定范围时，透落雨量比率受到降雨量的影响会变小。

对冠层截留而言，小雨量级的冠层截留量在3.63～6.00mm之间变化，中雨量级的冠层截留量在0.26～23.24mm之间变化，大雨量级的冠层截留量在0.12～18.73mm之间变化。约53%林地的小雨量级冠层截留量大于中雨量级和大雨量级的冠层截留量。小雨量级的冠层截留率在60.50%～100%之间变化，中雨量级的冠层截留率在0.81%～72.63%之间变化，大雨量级的冠层截留率在0.38%～59.65%之间变化。各林地的小雨量级冠层截留率远大于中雨和大雨量级的冠层截留量，截留率高于60%，推测是由于夏季林盘环境温度较高，加之夏季植物枝叶量大，林地郁闭度增大所致。在降雨量较低时，植物冠层枝叶可以充分发挥对雨水的吸收与截留作用。通过对中雨量级和大雨量级下的冠层截留率的分析发现，约82%林地的中雨量级冠层截留率低于20%，约76%林地的冠层截留率低于20%，表明当雨量较大时，冠层截留效率随之降低。对不同降雨量级的冠层截留率的差异性进行分析（表4-6、表4-7），结果表明，在夏季，同一林地虽在小雨量级的冠层截留率与其他降雨量级的冠层截留率差异显著，但中雨量级和小雨量级的冠层截留率差异不显著，表明夏季降雨量较大时，降雨量对冠层截留的影响减弱。

表4-6　小雨量级的树干茎流率、透落雨量比率和冠层截留率差异性分析

| 参数 | 差异显著性P | |
|---|---|---|
| | 林地类型 | 降雨量级 |
| 树干茎流率（FS%） | 0.00* | 0.00* |
| 透落雨量比率（PT%） | 0.00* | 0.00* |
| 冠层截留率（IC%） | 0.00* | 0.00* |

注：P为发生某件事的可能性大小，当P<0.05时表明数值之间存在显著的统计学差异，标记为*。

表4-7　中雨量级和大雨量级的树干茎流率、透落雨量比率和冠层截留率差异性分析

| 参数 | 差异显著性P | |
|---|---|---|
| | 林地类型 | 降雨量级 |
| 树干茎流率（FS%） | 0.00* | 0.95 |
| 透落雨量比率（PT%） | 0.00* | 0.71 |
| 冠层截留率（IC%） | 0.00* | 0.72 |

注：P为发生某件事的可能性大小，当P<0.05时表明数值之间存在显著的统计学差异，标记为*。

## 2．林地冠层截留与降雨强度的分析

夏季4次降雨的林外降雨量(6.00mm、16.00mm、16.00mm、31.40mm)对应的降雨时长分别为22.20h、28.05h、7.71h、11.47h。用降雨量与降雨时长的比值表示降雨强度，分别为0.27mm/h、0.57mm/h、2.08mm/h、2.74mm/h。对不同降雨强度的树干茎流量、透落雨量和冠层截留量及其与林外降雨量的比值绘制柱状图—折线图组合图（图4-13～图4-15）。

在0.27mm/h的降雨强度时，各林地的树干茎流量、透落雨量和冠层截留率更低。大部分林地的降雨强度越大，雨滴对植物叶片的冲击力就越大，穿透雨量越大，冠层截留量越小；降雨强度越小，雨滴对植物叶片的冲击力越小，穿透雨量越小，冠层截留量越大。

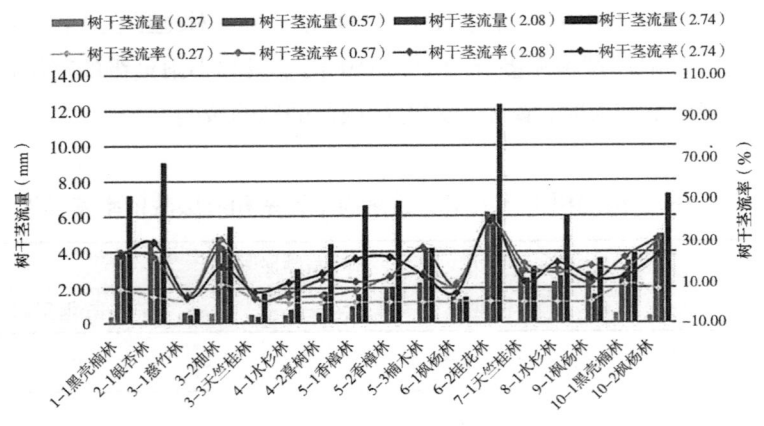

图4-13　不同降雨强度的树干茎流变化

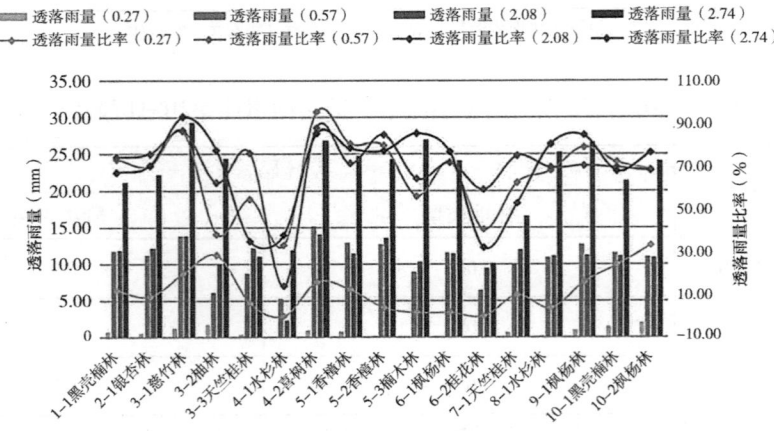

图4-14　不同降雨强度的透落雨变化

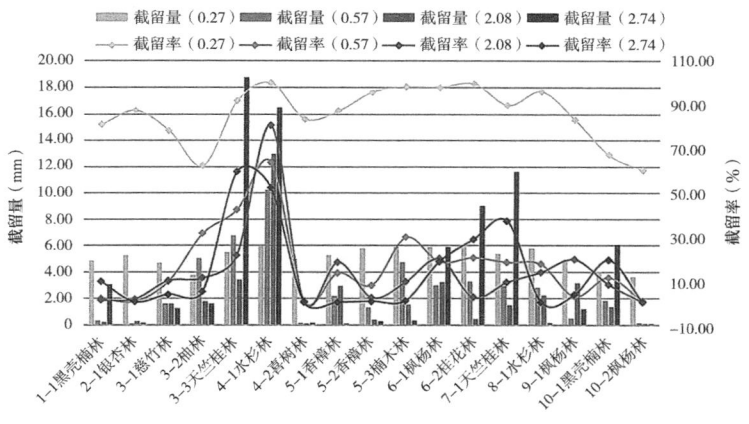

图4-15　不同降雨强度的冠层截留变化

### 4.3.3　林地冠层截留与林地特征的分析

将林地分为常绿阔叶林、落叶阔叶林和落叶针叶林3类。计算不同降雨量级各类林地的冠层截留量和冠层截留率平均值进行分析，并绘制柱状图（图4-16）。在夏季，各类型植物冠层处于生长稳定状态，故只需测定1次林地的叶面积指数，对3类林地的叶面积指数分别求平均值（表4-8），结果显示，3类林地的平均叶面积指数较为接近，并表现为落叶阔叶林＞落叶针叶林＞常绿阔叶林。

不同雨量级的阔叶林平均冠层截留量变化较大，而不同降雨量级针叶林的平均冠层截留量变化较小。对于同一类型林木，针叶林的冠层截留率表现为：小雨＞中雨＞大雨；无论是常绿还是落叶阔叶林，其小雨量级的冠层截留率远大于中雨量级和大雨量级的冠层截流率，而中雨量级和大雨量级的冠层截流率相差较小，表明小雨量级的各类型林木冠层截流效率更高。同一雨量级不同类型林木的截留能力一致，均表现为落叶针叶林＞常绿阔叶林＞落叶阔叶林。在夏季，落叶植物的叶片全部长出，各类林木的平均叶面积指数均大于1，虽然夏季落叶阔叶林的平均叶面积指数大于常绿阔叶林，但是常绿阔叶林的冠层截留率高于落叶阔叶林；虽然落叶针叶林的叶面积指数不是最高，但不同降雨量级落叶针叶林的冠层截留率最高。

表4-8　夏季不同林地类型的平均叶面积指数

|  | 常绿阔叶林 | 落叶阔叶林 | 落叶针叶林 |
| --- | --- | --- | --- |
| 叶面积指数（*LAI*） | 1.15 | 1.37 | 1.23 |

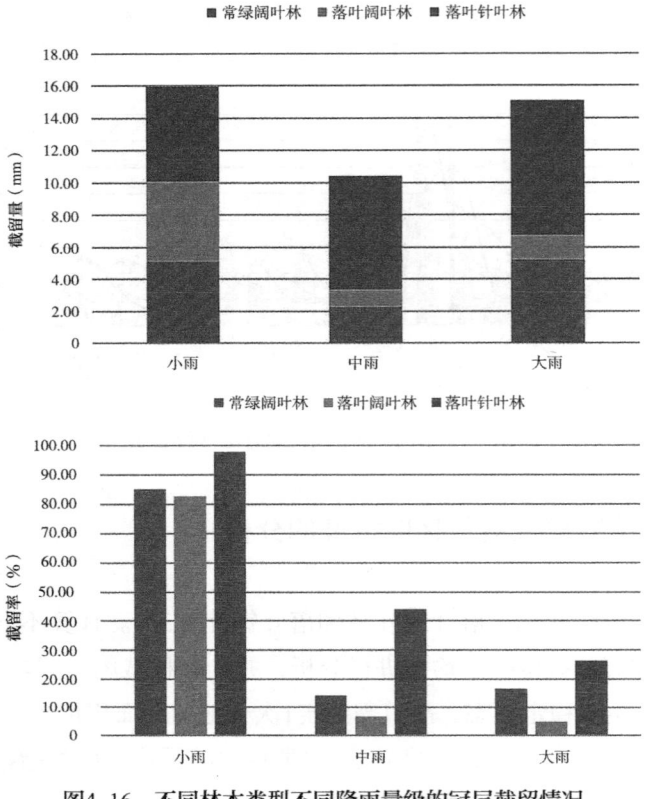

图4-16　不同林木类型不同降雨量级的冠层截留情况

## 4.4　秋季结果分析

### 4.4.1　林地冠层降雨截留监测结果

秋季观测期间共监测有效降雨3场，总降雨量为18.60mm，约占三道堰镇秋季平均降雨量的10%，其中单次降雨量分别为1.80mm、3.00mm、13.80mm，降雨时长分别为5.36h、4.08h、21.21h，平均降雨量为6.20mm。秋季各林地冠层截留汇总情况见表4-9，林地的树干茎流量在0.55～7.63mm之间变化，透落雨在7.24～15.28mm之间变化，冠层截留量在0.13～10.81mm之间变化，冠层截留率的变化范围为0.70%～58.12%。在秋季，不同类型林地的冠层截留率差异较大，4号林盘中的水杉林的截留率最高，10号林盘的枫杨林截留率最低。

表4-9　秋季8种乔木林地的雨水再分配过程表

| 编号 | 林地类型 | 林外降雨量（mm） | 树干茎流量（mm） | 透落雨量（mm） | 冠层截留量（mm） | 冠层截留率（%） |
|---|---|---|---|---|---|---|
| 1-1 | 黑壳楠林 | 18.60 | 5.34 | 12.63 | 0.63 | 3.39 |
| 2-1 | 银杏林 | 18.60 | 5.70 | 11.71 | 1.19 | 6.40 |
| 3-1 | 慈竹林 | 18.60 | 0.86 | 10.95 | 6.79 | 36.51 |
| 3-2 | 柚林 | 18.60 | 7.34 | 11.07 | 0.19 | 1.02 |
| 3-3 | 天竺桂林 | 18.60 | 1.44 | 10.29 | 6.87 | 36.94 |
| 4-1 | 水杉林 | 18.60 | 0.55 | 7.24 | 10.81 | 58.12 |
| 4-2 | 喜树林 | 18.60 | 2.42 | 15.28 | 0.90 | 4.84 |
| 5-1 | 香樟林 | 18.60 | 2.40 | 12.57 | 3.63 | 19.52 |
| 5-2 | 香樟林 | 18.60 | 3.48 | 12.34 | 2.78 | 14.95 |
| 5-3 | 楠木林 | 18.60 | 2.80 | 10.86 | 4.94 | 26.56 |
| 6-1 | 枫杨林 | 18.60 | 1.79 | 11.93 | 4.88 | 26.24 |
| 6-2 | 桂花林 | 18.60 | 7.63 | 9.73 | 1.24 | 6.67 |
| 7-1 | 天竺桂林 | 18.60 | 4.17 | 8.58 | 5.85 | 31.45 |
| 8-1 | 水杉林 | 18.60 | 2.92 | 11.37 | 4.31 | 23.17 |
| 9-1 | 枫杨林 | 18.60 | 3.35 | 14.61 | 0.64 | 3.44 |
| 10-1 | 黑壳楠林 | 18.60 | 4.05 | 13.46 | 1.09 | 5.86 |
| 10-2 | 枫杨林 | 18.60 | 6.43 | 12.04 | 0.13 | 0.70 |

由图4-17可知，树干茎流量、透落雨量和冠层截留量三者呈现不一致的变化趋势。在秋季，不同类型林地的透落雨量变化较大，最大差值为8.04mm，树干茎流量变化也较大，最大差值为7.08mm。同一林地的透落雨量均大于树干茎流量。冠层截留量的变化范围也较大，最大差值达10.68mm，约76%林地的小雨量级冠层截留率低于30%。

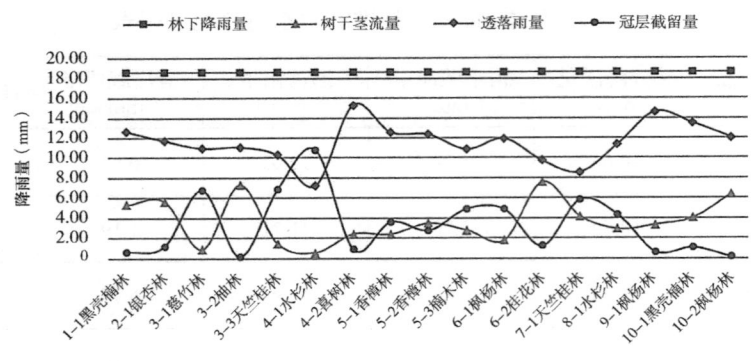

图4-17　秋季8种乔木林地的雨水再分配过程图

## 4.4.2　林地冠层截留与降雨特征的分析

### 1. 林地冠层截留与降雨量的分析

将秋季3次降雨按降雨量等级划分为2次小雨（低于10mm）和1次中雨（10~25mm），分别对这两个雨量等级的各林地冠层截留情况进行汇总，并绘制柱状图—折线图组合图（图4-18~图4-20）。

小雨量级的树干茎流量在0.10~2.29mm之间变化，树干茎流率在2.08%~47.71%之间变化；中雨量级的树干茎流量在0.45~6.23mm之间变化，树干茎流率在3.26%~45.14%之间变化，各林地的树干茎流率在两个降雨量级均低于50%，约59%林地的中雨量级树干茎流率略高于小雨量级。对不同降雨量级树干茎流率的差异性进行分析（表4-10），结果表明，在秋季，树干茎流率受降雨量变化的影响较小。不同林地中，柚林和桂花林的树干茎流量和树干茎流率高于其他林地。

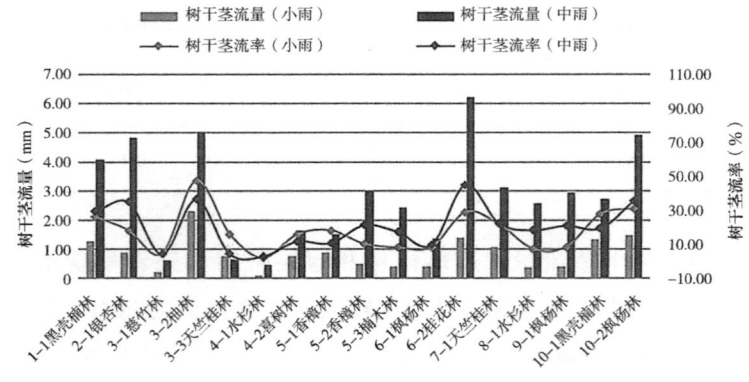

图4-18　不同降雨量级的树干茎流变化

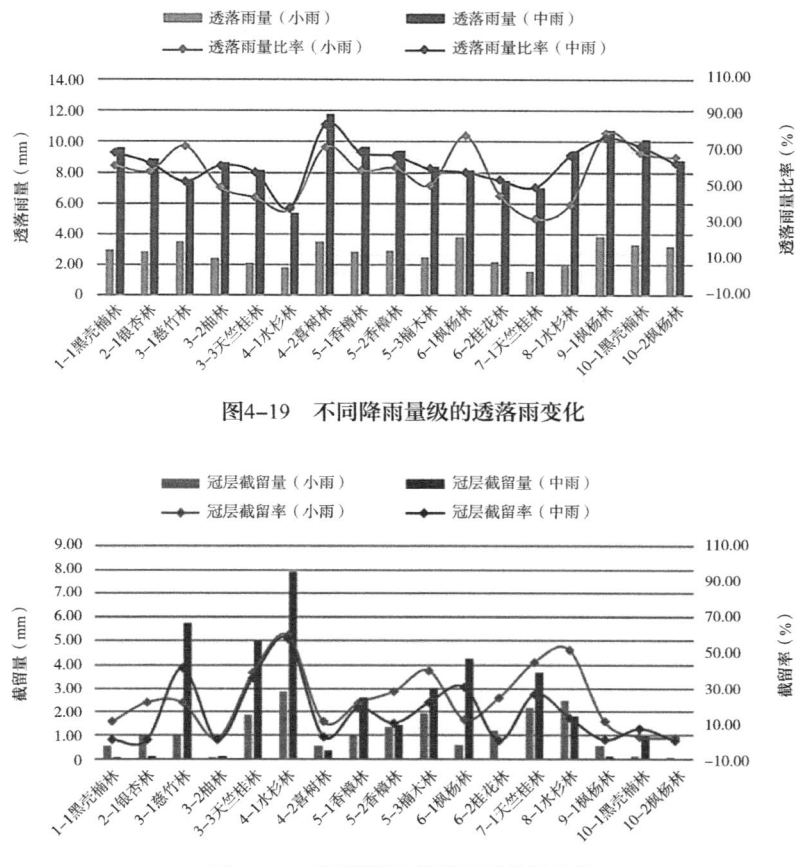

图4-19　不同降雨量级的透落雨变化

图4-20　不同降雨量级的冠层截留变化

小雨量级的透落雨量在1.58～3.86mm之间变化，透落雨量比率在32.92%～80.42%之间变化；中雨量级的透落雨量在5.40～11.78mm之间变化，透落雨量比率在39.13%～85.36%之间变化。约76%林地的中雨量级透落雨量略高于小雨量级的透落雨量。对两个降雨量级透落雨量比率的差异性进行分析（表4-3），在秋季，林地的透落雨量受到降雨量级变化的影响较小。

对冠层截留而言，小雨量级的冠层截留量在0.08～2.86mm之间变化，中雨量级的冠层截留量在0.04～7.95mm之间变化，中雨量级林地的冠层截留量变化范围大于小雨量级。小雨量级的冠层截留率在1.67%～59.58%之间变化，中雨量级的冠层截留率在0.29%～57.61%之间变化。约82%的林地小雨量级冠层截留率大于中雨量级冠层截留率，说明秋季大多数林地在降雨量较小的情况下，冠层截留雨量的效率更高。对不同降雨量级冠层截留率的差异显著性进行分析（表4-10），结果表明，在秋季，同一降雨量级各林地的冠层截留率差异较大，同一林地不同降雨量级的冠层截留率差异性显著，说明在小雨和中雨量级时各林地的冠层截留效益差异明显。

表4-10　不同降雨量级的树干茎流率、透落雨量比率、冠层截留率差异性分析

| 参数 | 差异显著性P | |
|---|---|---|
| | 林地类型 | 降雨量级 |
| 树干茎流率（FS%） | 0.00* | 0.25 |
| 透落雨量比率（PT%） | 0.01* | 0.09 |
| 冠层截留率（IC%） | 0.00* | 0.04* |

注：P为发生某件事的可能性大小，当$P<0.05$时表明数值之间存在显著的统计学差异，标记为*。

### 2. 林地冠层截留与降雨强度的分析

秋季3次降雨的林外降雨量(1.80mm、3.00mm、13.80mm)对应的降雨时长分别为5.36h、4.08h和21.21h。用降雨量与降雨时长的比值表示降雨强度，分别为0.34mm/h、0.74mm/h和0.65mm/h，秋季3次降雨的降雨强度较低，均不超过1.00mm/h。对不同降雨强度的树干茎流量、透落雨量和冠层截留量及其与林外降雨量的比值进行分析，并绘制柱状图—折线图组合图（图4-21～图4-23）。得出树干茎流量和树干茎流率随降雨量变化趋势均不明确。

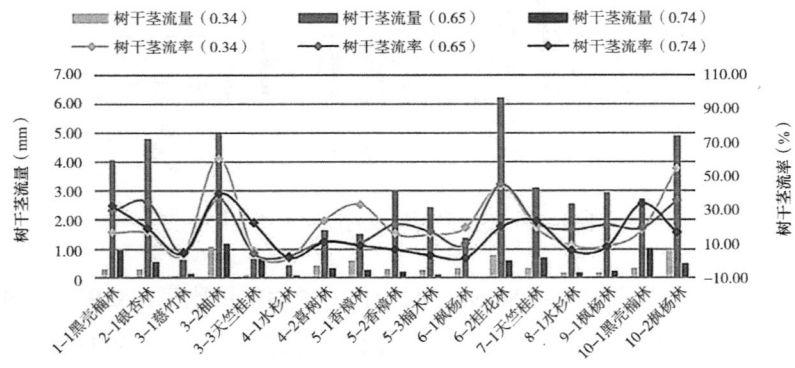

图4-21　不同降雨强度的树干茎流变化

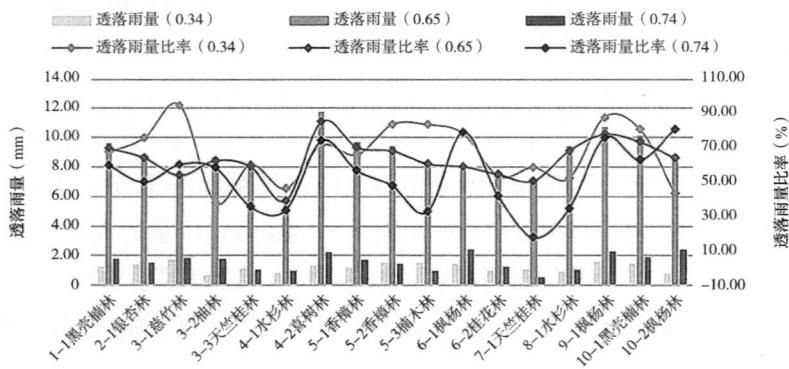

图4-22　不同降雨强度的透落雨变化

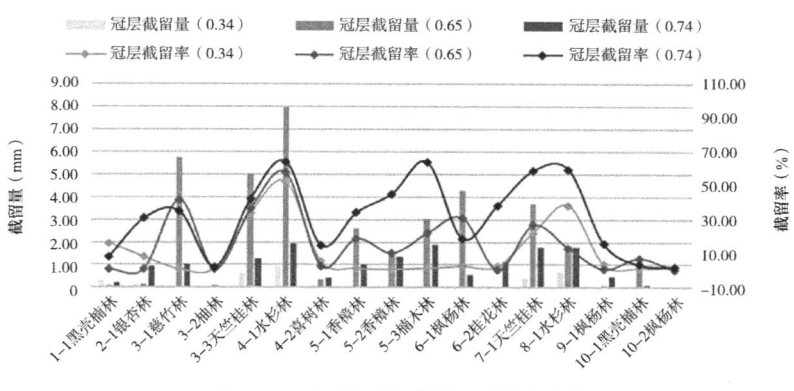

图4-23　不同降雨强度的冠层截留变化

### 4.4.3　林地冠层截留与林地特征的分析

将林地分为常绿阔叶林、落叶阔叶林和落叶针叶林3类。计算各类型林地不同降雨量级的冠层截留量和冠层截留率平均值，绘制柱状图进行分析（图4-24）。在秋季，林木叶片未完全脱落，植物冠层相对稳定，故在降雨监测期间只需测定1次林地的叶面积指数，对3类林地的叶面积指数分别求平均值（表4-11），结果显示，3类林地的平均叶面积指数表现为落叶针叶林＞常绿阔叶林＞落叶阔叶林。

图4-24和表4-11显示，不同降雨量级各类林木的平均冠层截留量变化较大。对于同类林木，小雨量级的冠层截留率均大于中雨，表明在小雨时3类林木都表现出对雨水较高的截留能力。同一降雨量级的降雨冠层截留能力表现为落叶针叶林＞常绿阔叶林＞落叶阔叶林，数值与秋季各林木类型的平均叶面积指数大小一致。在秋季，随着落叶阔

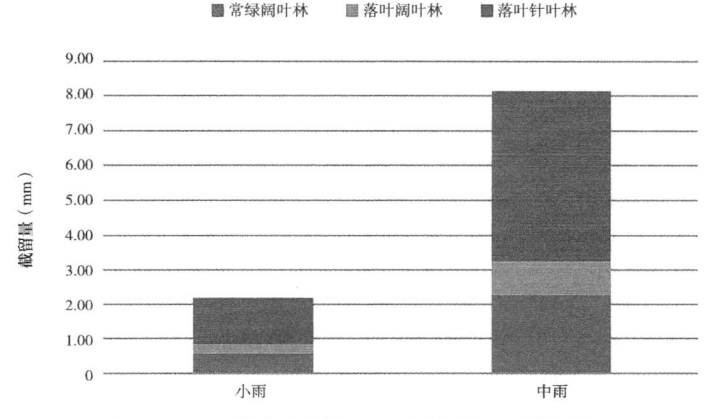

图4-24　不同林木类型的不同雨量级的冠层截留情况

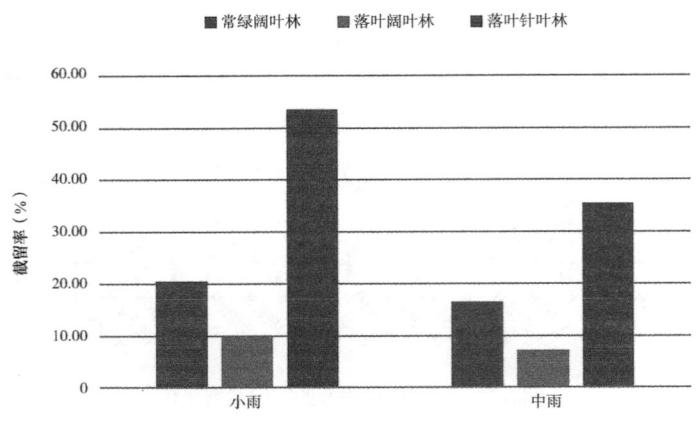

图4-24 不同林木类型的不同雨量级的冠层截留情况（续）

叶林的叶面积指数下降，冠层截留率也同步下降，而落叶针叶林——水杉的针叶还未脱落，针叶进入木质化阶段，吸收雨水的能力反而增强，展示出较高的雨水截留能力。

表4-11 秋季不同林地类型的平均叶面积指数

| | 常绿阔叶林 | 落叶阔叶林 | 落叶针叶林 |
|---|---|---|---|
| 叶面积指数（*LAI*） | 1.13 | 1.03 | 1.26 |

## 4.5 冬季结果分析

### 4.5.1 林地冠层降雨截留监测结果

冬季观测期间共监测有效降雨3场，林外降雨总量为10.40mm，约占三道堰镇冬季平均降雨量的39%，其中单次降雨量分别为1.00mm、2.60mm、6.80mm，降雨时长分别为10.18h、12.32h、31.54h，平均降雨量为3.47mm。冬季各林地冠层截留汇总情况见表4-12，林地树干茎流量在0.33～1.92mm之间变化，透落雨量在3.22～8.99mm之间变化，冠层截留量在0.18～6.76mm之间变化，冠层截留率的变化范围为1.73%～65.00%。在冬季，不同类型林地的冠层截留量差异较大，冠层截留率也显示出较大的差别，冠层截留率最高的是7号林盘中的天竺桂林，10号林盘中的枫杨林的截留率最低。

表4-12　冬季8种乔木林地的雨水再分配过程表

| 编号 | 林地类型 | 林外降雨量（mm） | 树干茎流量（mm） | 透落雨量（mm） | 冠层截留量（mm） | 冠层截留率（%） |
|---|---|---|---|---|---|---|
| 1-1 | 黑壳楠林 | 10.40 | 0.56 | 6.51 | 3.33 | 32.02 |
| 2-1 | 银杏林 | 10.40 | 1.83 | 6.80 | 1.77 | 17.02 |
| 3-1 | 慈竹林 | 10.40 | 0.36 | 8.71 | 1.33 | 12.79 |
| 3-2 | 柚林 | 10.40 | 0.54 | 7.26 | 2.60 | 25.00 |
| 3-3 | 天竺桂林 | 10.40 | 0.36 | 3.98 | 6.06 | 58.27 |
| 4-1 | 水杉林 | 10.40 | 0.45 | 4.95 | 5.00 | 48.08 |
| 4-2 | 喜树林 | 10.40 | 1.24 | 8.48 | 0.68 | 6.54 |
| 5-1 | 香樟林 | 10.40 | 0.55 | 8.97 | 0.88 | 8.46 |
| 5-2 | 香樟林 | 10.40 | 0.53 | 8.99 | 0.88 | 8.46 |
| 5-3 | 楠木林 | 10.40 | 0.35 | 6.05 | 4.00 | 38.46 |
| 6-1 | 枫杨林 | 10.40 | 0.33 | 6.45 | 3.62 | 34.81 |
| 6-2 | 桂花林 | 10.40 | 1.92 | 5.19 | 3.29 | 31.63 |
| 7-1 | 天竺桂林 | 10.40 | 0.42 | 3.22 | 6.76 | 65.00 |
| 8-1 | 水杉林 | 10.40 | 0.76 | 8.90 | 0.74 | 7.12 |
| 9-1 | 枫杨林 | 10.40 | 0.41 | 8.85 | 1.14 | 10.96 |
| 10-1 | 黑壳楠林 | 10.40 | 0.74 | 5.04 | 4.62 | 44.42 |
| 10-2 | 枫杨林 | 10.40 | 1.60 | 8.62 | 0.18 | 1.73 |

由图4-25可知，树干茎流量、透落雨量和冠层截留量三者呈现不一致的变化趋势。在林外降雨总量为10.40mm的条件下，不同林地的透落雨量变化较大，最大差值为5.77mm，树干茎流量变化较小，最大差值为1.59mm。同一林地的透落雨量均大于树干茎流量，此外，冠层截留量的变化范围也较大，最大差值为6.58mm。冬季落叶林木的叶片开始掉落，各林地的冠层截留率呈现两极分化的差异，约47%林地的冠层截留率大于30%，约47%的林地冠层截留率小于20%。

## 4.5.2　林地冠层截留与降雨特征的分析

### 1. 林地冠层截留与降雨量的分析

三道堰的冬季降雨极少，且单次降雨的降雨量大多数为0～3mm，均不超过10mm。研究中监测到的3次冬季降雨均为小雨（低于10mm），将3次降雨以5mm为界限

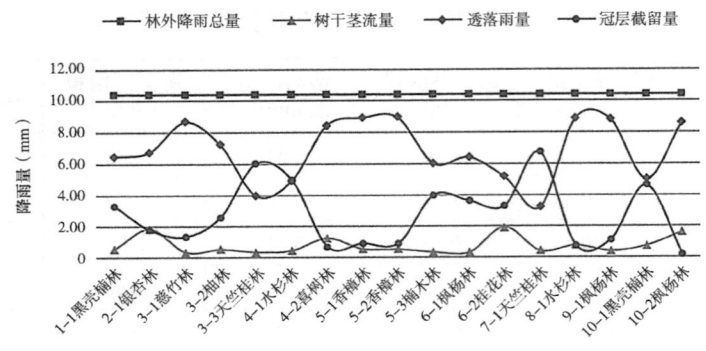

图4-25　冬季8种乔木林地的雨水再分配过程图

划分为较小降雨量的小雨和较大降雨量的小雨，分别对两个降雨量小雨的各林地冠层截留情况进行汇总，并绘制柱状图—折线图组合图（图4-26～图4-28）。

较小雨量级小雨的树干茎流量在0.07～0.35mm之间变化，较大雨量级小雨的树干茎流量在0.15～1.58mm之间变化。约88%林地的较大雨量级小雨的树干茎流量大于较小雨量级小雨的树干茎流量，较小雨量级小雨的树干茎流率变化在1.94%～9.72%之间，较大雨量小雨的树干茎流率变化在2.21%～23.24%之间。各林地较小雨量级的小雨的树干茎流率均低于25%，约76%林地的较大雨量级小雨的树干茎流率略高于较小雨量级小雨的树干茎流量。差异性分析（表4-13）表明，各类型林地同一降雨量级小雨的树干茎流率差异不明显，同类林地的树干茎流率受降雨量变化的影响较大。

较小雨量级小雨的透落雨量在0.61～3.26mm之间变化，较大雨量级小雨的透落雨

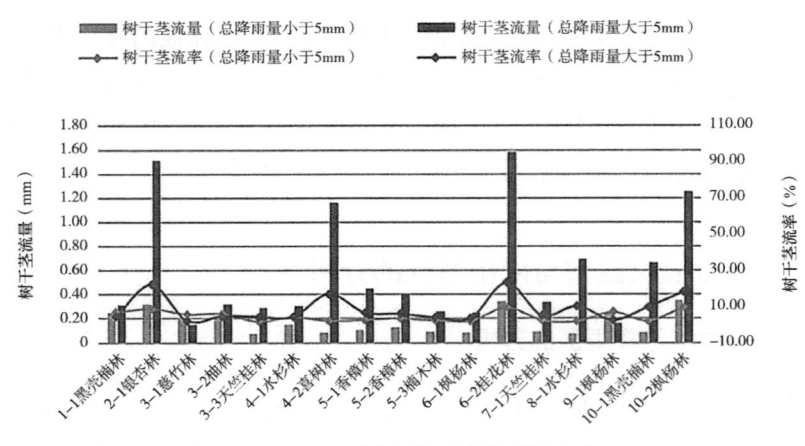

图4-26　不同降雨量级的树干茎流变化

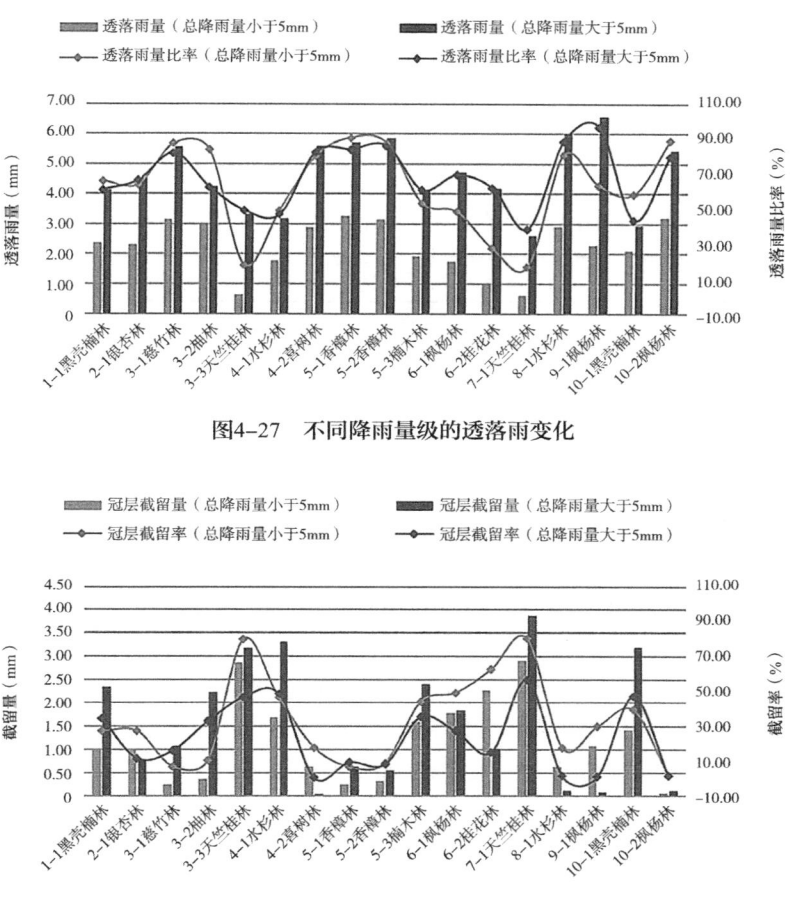

图4-27　不同降雨量级的透落雨变化

图4-28　不同降雨量级的冠层截留变化

量在2.61～6.57mm之间变化。各林地较大雨量小雨的透落雨量大于较小雨量小雨的透落雨量。较小雨量级小雨的透落雨量比率在16.94%～90.56%之间变化，较大雨量级小雨的透落雨量比率在38.38%～96.62%之间变化。各林地的透落雨量比率均高于10%。对2个降雨量级透落雨量比率进行差异性分析可知，在冬季，同一林地的透落雨量受到降雨量变化的影响较小，不同类型林地的透落雨量比率差异较大，这与冬季林木叶片脱落有密切关系。

　　较小雨量级小雨的冠层截留量在0.06～2.90mm之间变化，较大雨量级小雨的冠层截留量在0.04～3.86mm之间变化，较大雨量级小雨的冠层截留量的变化范围大于较小雨量。较小雨量级小雨的冠层截留率在1.67%～80.56%之间变化，较大雨量级小雨的冠层截留率在0.59%～56.76%之间变化，约59%的林地的冠层截留率在较小雨量级下大于较大雨量级，说明在冬季降雨量较小的情况下，半数以上的林地的冠层截留雨量效率更高一些。冠层截留率的差异性分析显示（表4-13），林地间同一降雨量小雨的冠层截留率差异较大，同一林地在不同降雨量级小雨的冠层截留率的差异也显著。在冬季，不同降雨量对林地的冠层截留效率影响较大。

表4-13　较小雨量级小雨树干茎流率、透落雨量比率和冠层截留率差异性分析

| 参数 | 差异显著性P | |
|---|---|---|
| | 林地类型 | 降雨量 |
| 树干茎流率（FS%） | 0.07 | 0.02* |
| 透落雨量比率（PT%） | 0.00* | 0.19 |
| 冠层截留率（IC%） | 0.00* | 0.04* |

注：P为发生某件事的可能性大小，当$P<0.05$时表明数值之间存在显著的统计学差异，标记为*。

### 2. 林地冠层截留与降雨强度的分析

在冬季，监测到的3次降雨（降雨量1.00mm、2.60mm、6.80mm）对应的降雨时长分别为10.18h、12.32h、31.54h，用降雨量与降雨时长的比值表示降雨强度，分别为0.10mm/h、0.21mm/h、0.22mm/h，冬季3次降雨的降雨强度较低，均不超过0.50mm/h。对3种降雨强度的树干茎流量、透落雨量、冠层截留量及其与降雨量的比值绘制柱状图—折线图组合图（图4-29～图4-31）进行比较分析可知，各林地的树干茎流量、透落雨量和冠层截留量随降雨量变化的趋势不清晰。

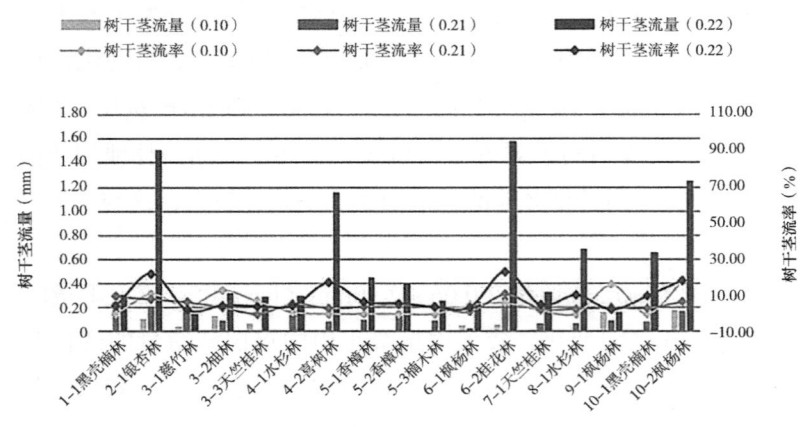

图4-29　不同降雨强度的树干茎流变化

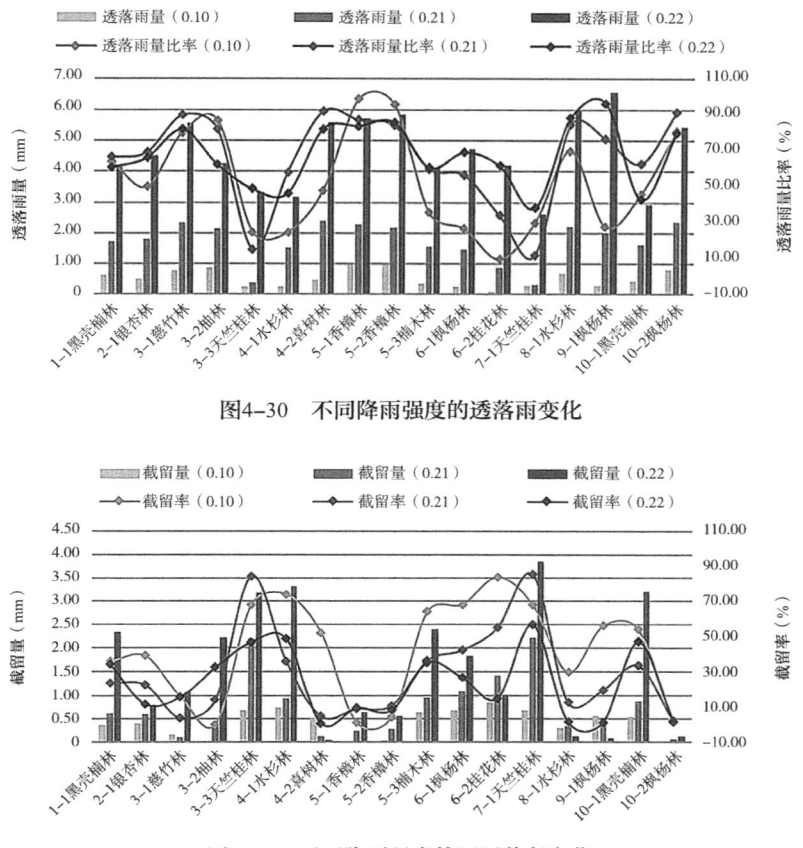

图4-30　不同降雨强度的透落雨变化

图4-31　不同降雨强度的冠层截留变化

### 4.5.3　林地冠层截留与林地特征的分析

将林地分为常绿阔叶林、落叶阔叶林和落叶针叶林3类，计算不同降雨量级各类林地的冠层截留量和冠层截留率平均值，并绘制柱状图（图4-32）。在冬季，落叶林木的叶片几乎完全脱落，此时，植物冠层生长稳定，仅需测定一次林地的叶面积指数即可。分别对3种类型林地的叶面积指数求均值（表4-14），结果显示为常绿阔叶林＞落叶针叶林＞落叶阔叶林。

冬季落叶阔叶林不同降雨量级的冠层截留量变化较小，而降雨量级较大时常绿阔叶林和落叶针叶林则冠层截留量较大。同类型林地较小降雨量级的冠层截留率大于较大降雨量级的冠层截留率，表明较小降雨量级林木的冠层截留效率更高。较大雨量级落叶阔叶林的冠层截留率明显降低。较小降雨量级林木的冠层截留能力表现为落叶针叶≈常绿阔叶林＞落叶阔叶林；较大降雨量级林木的冠层截留率为常绿阔叶型＞落叶针叶型＞落叶阔叶型，与各类型林木的叶面积指数大小一致。在冬季，大部分落叶林木，尤其是落叶阔叶林的叶片脱落，导致其冠层截留能力明显降低，但落叶针叶林——水杉仍表现出较好的冠层截留能力，推测是由于水杉树形呈尖塔形，分枝密集且枝干的吸水性较强。

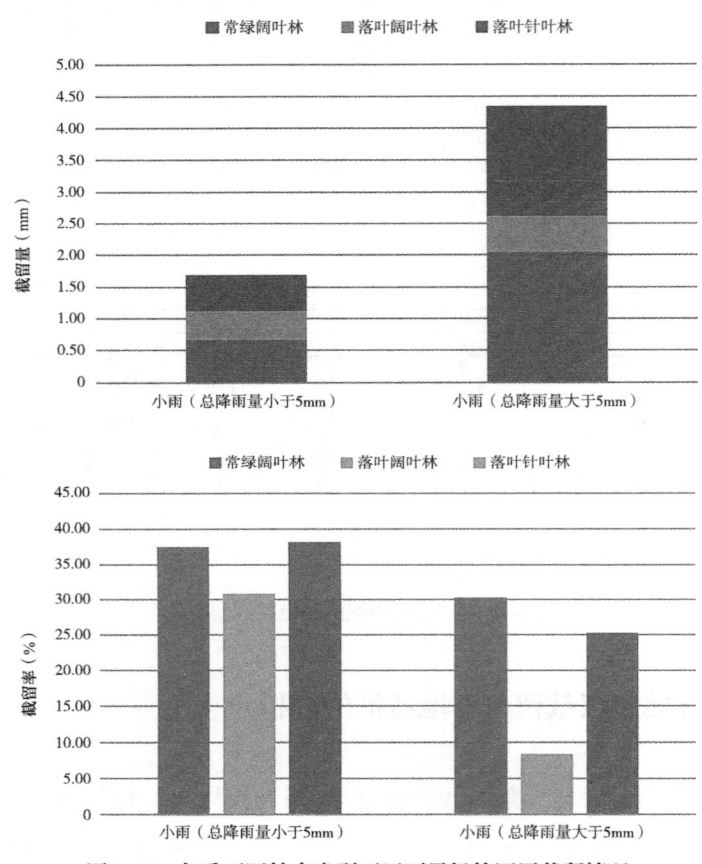

图4-32　冬季不同林木类型不同雨量级的冠层截留情况

表4-14　冬季不同林地类型的平均叶面积指数

|  | 常绿阔叶林 | 落叶阔叶林 | 落叶针叶林 |
|---|---|---|---|
| 叶面积指数（$LAI$） | 1.32 | 0.84 | 1.05 |

## 4.6 四季结果的横向比较

从四季各林地树干茎流量、透落雨量、冠层截留量及其截留率变化范围中发现（表4-15），林木冠层进行雨水再分配的各环节具有明显的季节性差异。树干茎流量、透落雨量和冠层截留量的变化趋势为夏季＞春季≈秋季＞冬季，与4个季节的降雨量大小排序表现一致。同时，四个季节的树干茎流量均小于透落雨量，其在降雨再分配环节中的占比最小。

四季各林地的冠层截留率平均值排序表现为冬季＞春季＞夏季＞秋季，季节性差异相对较小。春季约94%林地的冠层截留率低于45%，夏季约71%林地的冠层截留率低于20%，秋季约76%林地的冠层截留率低于30%，冬季则两极分化严重，各有47%林地的冠层截留率大于30%或低于20%。在夏季，虽然林地的叶面积指数最大，但是单次降雨多为中雨和大雨，导致冠层截留率较低。在冬季，虽然林地的叶面积指数较低，但由于降雨为小雨，且常绿林地比落叶林地占比高，故表现出较高的截留率。春夏秋3季中，水杉林的冠层截留效率为最高。在冬季，水杉林由于针叶脱落截留率降低，天竺桂林的冠层截留量最高。此外，枫杨林在四季的冠层截留率均最低。

表4-15　四季乔木林地冠层截留变化范围总表

| 季节 | 降雨量（mm） | 树干茎流量的变化范围（mm） | 透落雨量的变化范围（mm） | 冠层截留量的变化范围（mm） | 冠层截留率的变化范围（%） | 平均冠层截留率（%） |
|---|---|---|---|---|---|---|
| 春季 | 17.80 | 0.64～5.81 | 4.05～15.31 | 0.93～13.11 | 5.22～73.65 | 22.35 |
| 夏季 | 69.40 | 1.97～24.54 | 19.46～58.22 | 4.01～45.73 | 5.78～65.89 | 21.10 |
| 秋季 | 18.60 | 0.55～7.63 | 7.24～15.28 | 0.13～10.81 | 0.70～58.12 | 17.99 |
| 冬季 | 10.40 | 0.33～1.92 | 3.22～8.99 | 0.18～6.76 | 1.73～65.00 | 26.52 |

四季中，小雨量级和中雨量级的树干茎流率、透落雨量比率及冠层截留率的差异明显，树干茎流率与透落雨量比率均为中雨＞小雨，冠层截留率均为小雨＞中雨，表明随着降雨量的增加，树干茎流量与透落雨量所占比重提高，而冠层截留量所占比例降低（表4-16）。但在夏季，中雨量级和大雨量级的树干茎流率、透落雨量比率及冠层截留率的差异较小。总体而言，小雨量级的树干茎流率、透落雨量比率和冠层截留率的四季差异最明显，树干茎流率表现为秋季＞春季＞冬季＞夏季，透落雨量比率为冬季＞秋季

＞春季＞夏季，冠层截留率为夏季＞春季＞冬季＞秋季。其中，夏季小雨量级各林地的雨水再分配呈现较低的透落雨量比率和较高的冠层截留率。中雨量级的四季的树干茎流率、透落雨量比率与冠层截留率差异较小。大部分林地呈现降雨强度越大，透落雨量比率越大、冠层截留率越小的趋势。

表4-16  四季不同雨量级的树干茎流率、透落雨量比率和冠层截留率的变化程度表

| 季节 | 小雨（＜10mm） | | | 中雨（10~25mm） | | | 大雨（25~50mm） | | |
| --- | --- | --- | --- | --- | --- | --- | --- | --- | --- |
| | 树干茎流率（%） | 透落雨量比率（%） | 冠层截留率（%） | 树干茎流率（%） | 透落雨量比率（%） | 冠层截留率（%） | 树干茎流率（%） | 透落雨量比率（%） | 冠层截留率（%） |
| 春季 | 10.13 | 54.63 | 35.24 | 18.55 | 67.86 | 13.60 | — | — | — |
| 夏季 | 2.23 | 11.73 | 86.05 | 16.35 | 68.07 | 15.58 | 16.25 | 69.43 | 14.32 |
| 秋季 | 17.86 | 58.28 | 23.86 | 20.50 | 63.55 | 15.94 | — | — | — |
| 冬季 | 7.32 | 66.16 | 26.52 | — | — | — | | | |

不同类型林地的冠层截留率在不同季节也发生变化（表4-17）。对于阔叶林而言，四季的冠层截留率均为常绿阔叶林高于落叶阔叶林，二者在冬季的差异最大。针叶林中的水杉林在春夏秋季都表现出最高的截留效率，但随着冬季针叶脱落，截留效率随之降低。

表4-17  四季不同类型林地的冠层截留率

| 季节 | 冠层截留率（%） | | |
| --- | --- | --- | --- |
| | 常绿阔叶林 | 落叶阔叶林 | 落叶针叶林 |
| 春季 | 20.52 | 15.87 | 40.70 |
| 夏季 | 21.46 | 12.48 | 40.87 |
| 秋季 | 18.28 | 8.32 | 40.65 |
| 冬季 | 32.45 | 14.21 | 27.60 |

## 第 5 章

# 川西林盘典型乔木凋落物的
# 水文效应

本章以川西林盘典型乔木的凋落物为研究对象，通过野外调研收集林盘的8种主要乔木（慈竹、雷竹、黑壳楠、构树、枫杨、银杏、水杉、香樟）产生的凋落物，分析其时空凋落过程，计算其持水量和降雨拦蓄能力等特征，通过对比分析凋落物层和土壤表层的持水性能差异，探索凋落物对雨水的存蓄能力以及对改良土壤理化性质的功效，为传统川西林盘的保护修复提供科学依据。

## 5.1 纯林样地的特征分析

本章选取林盘中的8种典型林木样地，含常绿、落叶和竹类3种林木类型。样地中的林木密度在0.29~1.04之间变化，平均冠幅在2.75~7.50m之间变化（表5-1）。

表5-1　8种典型林木样地的基本信息

| 林分 | 编号 | 平均株高（m） | 密度 | 平均胸径（cm） | 平均冠幅（m） |
|------|------|-------------|------|--------------|--------------|
| 慈竹 | Ⅰ | 5.06 ± 1.3 | 0.87 | 6.5 ± 2.9 | 2.75 ± 0.8 |
| 黑壳楠 | Ⅱ | 3.37 ± 1.0 | 0.62 | 11.5 ± 4.9 | 4.5 ± 1.3 |
| 香樟 | Ⅲ | 8.82 ± 3.6 | 0.23 | 23.5 ± 7.5 | 5.7 ± 2.2 |
| 雷竹 | Ⅳ | 6.28 ± 2.8 | 1.04 | 5.5 ± 3.6 | 2.8 ± 2.6 |
| 构树 | Ⅴ | 6.07 ± 4.1 | 0.29 | 35.3 ± 7.5 | 7.1 ± 3.0 |
| 枫杨 | Ⅵ | 4.60 ± 2.2 | 0.27 | 30.2 ± 5.0 | 7.5 ± 2.9 |
| 银杏 | Ⅶ | 3.99 ± 0.7 | 0.76 | 20.1 ± 3.3 | 6.6 ± 1.0 |
| 水杉 | Ⅷ | 11.26 ± 4.4 | 0.54 | 27.6 ± 8.1 | 5.2 ± 2.4 |

## 5.2 凋落物蓄积量分析

林盘凋落物广泛存在于各类林木地表的土壤层（0~5cm）中。林木的凋落物总蓄积量包括地表凋落物和土壤中的凋落物蓄积量两个部分。本书选取的8种典型林木的地表凋落物年，总蓄积量均值为7936.52kg/hm$^2$，土壤中的凋落物年总蓄积量均值为2668.05kg/hm$^2$，地表凋落物蓄积量占凋落物总蓄积量的74.84%。此外，地表凋落物的夏季蓄积量均值为2839.43kg/hm²，显著高于其他三季，约占年地表凋落物总蓄积量的35.78%，分析显示由于枫杨和雷竹的凋落峰值均出现在夏季且枫杨和雷竹的地表凋落物蓄积量显著高于其他林木所致。表5-2显示落叶林木的凋落物蓄积总量均值（11944.14kg/hm²）是常绿林木的凋落物蓄积量均值（9265.00kg/hm²）的1.29倍。此外，常绿林木的地表凋落物蓄积量变化呈双峰形，其中第一个峰值出现在春季；而落叶林木的地表凋落物蓄积量则呈单峰曲线，峰值出现在冬季。常绿和落叶林木的土壤凋落最大值分别出现于春（1052.88kg/hm²）、夏（667.52kg/hm²）两季，最小值均在秋季。8种林木中，凋落物蓄积总量表现为枫杨＞慈竹＞构树＞香樟＞雷竹＞银杏＞水杉＞黑壳楠。其中，枫杨和慈竹的凋落物蓄积量是其他林木的1.29～9.16倍。土壤中的凋落物与地表凋落物的比值从高到低依次是雷竹（0.97）＞黑壳楠（0.58）＞银杏（0.44）＞慈竹（0.45）＞枫杨（0.31）＞水杉（0.25）＞香樟（0.17）＞构树（0.03）。

表5-2　8种林木的季节性凋落物蓄积变化

| 编号 | | 地表凋落物蓄积量（kg/hm²） | | | | 土壤中凋落物蓄积量（kg/hm²） | | | | |
|---|---|---|---|---|---|---|---|---|---|---|
| | | 春 | 夏 | 秋 | 冬 | 春 | 夏 | 秋 | 冬 | 总量 |
| 常绿 | Ⅰ | 3572.40 | 6664.60 | 2418.00 | 780.78 | 2236.84 | 1231.25 | 1093.42 | 1310.53 | 19305.98 |
| | Ⅱ | 530.40 | 245.60 | 144.00 | 670.16 | 78.95 | 382.89 | 269.74 | 194.08 | 2510.73 |
| | Ⅲ | 2893.40 | 1500.60 | 1762.00 | 690.32 | 303.63 | 464.03 | 52.81 | 346.86 | 8007.05 |
| | Ⅳ | 1227.00 | 1870.40 | 228.00 | 370.62 | 1592.11 | 1015.13 | 343.42 | 591.45 | 7236.23 |
| | 均值 | 2055.80 | 2570.30 | 1138.00 | 627.97 | 1052.88 | 773.33 | 439.85 | 610.73 | 9265.00 |
| 落叶 | Ⅴ | 152.80 | 1040.60 | 3032.00 | 3990.10 | 118.42 | 60.20 | 1.32 | 98.03 | 8486.30 |
| | Ⅵ | 771.00 | 11234.40 | 4964.00 | 4190.96 | 1220.39 | 2128.95 | 1461.84 | 1685.20 | 27651.00 |
| | Ⅶ | 631.00 | 53.60 | 1190.00 | 2980.04 | 865.13 | 372.37 | 601.32 | 865.13 | 7005.53 |
| | Ⅷ | 135.20 | 105.60 | 1532.00 | 1920.58 | 463.82 | 108.55 | 103.95 | 463.82 | 4633.72 |
| | 均值 | 422.50 | 3108.55 | 2679.50 | 3270.42 | 666.94 | 667.52 | 542.11 | 778.05 | 11944.14 |

## 5.3　凋落物的自然持水特性

由图5-1可知，土壤中的凋落物自然持水率在4.54%～20.39%之间波动，远高于地表凋落物的自然持水率（4.97%～10.01%）。8种林木中，构树地表凋落物的自然持水率

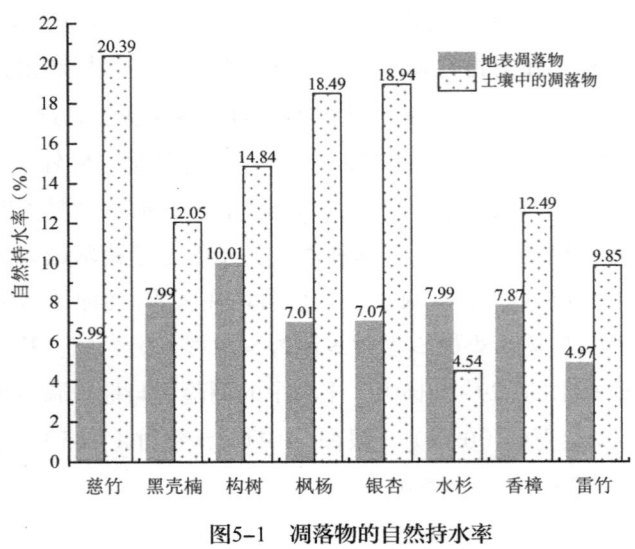

图5-1　凋落物的自然持水率

高于其他林木，其次为黑壳楠和水杉，而慈竹和雷竹地表凋落物的自然持水能力最弱。慈竹土壤中的凋落物自然持水能力最为突出，其次为枫杨和银杏，水杉的土壤凋落物自然持水力最弱。

## 5.4　凋落物持水量及其吸水速率的变化

72h持水实验结果显示（图5-2和图5-3），8种林木的地表凋落物最大持水量（单位为g）在2.91～4.12g，均值从高到低依次排序为慈竹（4.15）＞构树（4.12）＞银杏（4.08）＞水杉（3.43）＞雷竹（3.35）＞枫杨（3.31）＞黑壳楠（3.11）＞香樟（2.91），慈竹、构树和银杏的地表凋落物持水能力较强，而香樟地表凋落物的持水能力最弱。土壤凋落物的持水量在3.86～6.68g之间波动，均值从高到低依次为慈竹（6.68）＞雷竹（5.09）＞银杏（4.90）＞水杉（4.87）＞枫杨（4.86）＞构树（4.77）＞黑壳楠（4.19）＞香樟（3.29），慈竹、雷竹和银杏的土壤中的凋落物持水能力较强，尤其慈竹地表凋落物的持水能力是其他林木的1.01～1.65倍，香樟土壤中凋落物的持水能力仍为最弱。土壤中的凋落物的最大持水量高于地表凋落物的最大持水量。

各林木出现最大持水量的时间节点差距较大，地表凋落物的持水量峰值多出现于

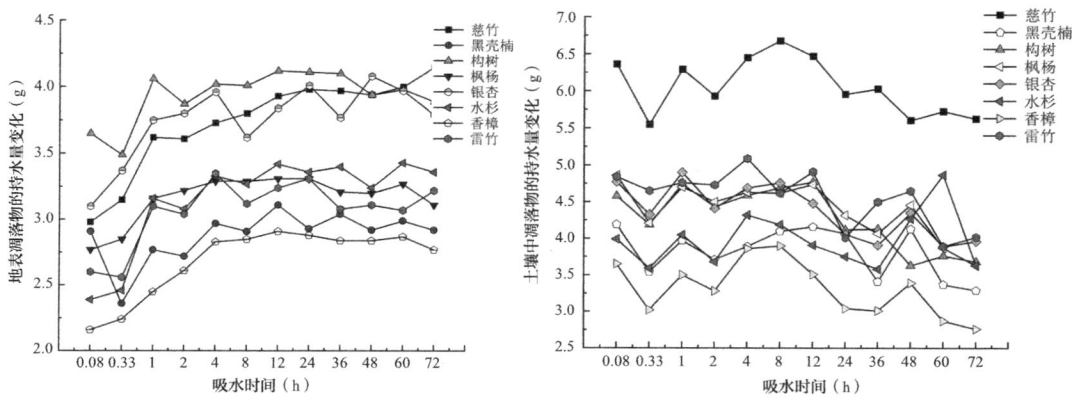

图5-2　两种凋落物浸水后的持水量变化

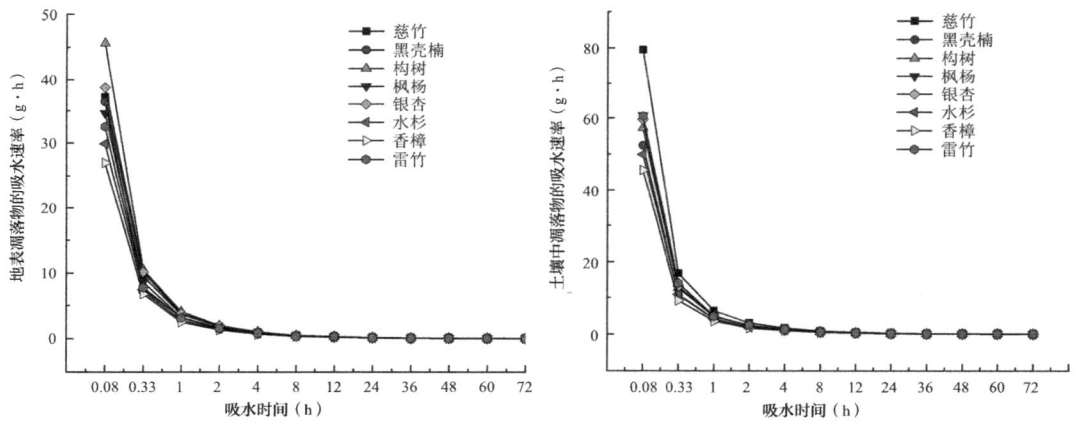

图5-3　两种凋落物浸水后的吸水速率的变化

12h，土壤中凋落物的持水量峰值则无明显规律。银杏土壤中凋落物的持水峰值出现时间最早（浸泡1h后），水杉的峰值则出现最晚（浸泡60h后）。对8种林木凋落物持水量与浸水时间的数据拟合发现（表5-3），地表凋落物的持水量与浸水时间之间存在较好的相关性，可以用方程$y = a\ln x + b$表示，但土壤中凋落物的持水量与浸水时间的相关性不显著。

从吸水速率来看，8种林木的土壤中凋落物的吸水速率明显高于地表凋落物的吸水速率，均随浸泡时间的推移吸水速度降低的趋势。两者在浸泡5min时吸水速率均达到最大值，在5~20min内吸水速率急剧下降，在浸泡1h后，吸水速率下降趋势均逐渐减缓，12h后逐渐停止并达到稳定状态。具体来看，地表凋落物吸水速率（单位为g·h）排序为构树（45.63）＞银杏（38.75）＞慈竹（37.25）＞黑壳楠（36.38）＞枫杨（34.63）＞雷竹

（32.50）＞水杉（29.88）＞香樟（27.00）。土壤中凋落物最大吸水速率（单位为g·h）排列为慈竹（79.50）＞枫杨（60.75）＞雷竹（60.50）＞银杏（59.63）＞构树（57.25）＞黑壳楠（52.38）＞水杉（49.88）＞香樟（45.63）。对8种林木凋落物吸水速率与浸水时间的数据拟合发现（表5-4），地表和土壤中的凋落物的吸水速率与浸泡时间均存在显著的相关性，可以用方程$y = ax-b$表示，且$R^2 > 0.9980$，拟合程度极高。

表5-3　8种林木凋落物持水量与浸水时间的回归方程

| 林分编号 | 地表凋落物 | | 林分编号 | 地表凋落物 | |
|---|---|---|---|---|---|
| | 方程 | $R^2$ | | 方程 | $R^2$ |
| I | $y = 0.156\ln x + 3.4523$ | 0.9340 | V | $y = 0.1032\ln x + 3.5657$ | 0.6535 |
| II | $y = 0.0504\ln x + 2.7868$ | 0.3253 | VI | $y = 0.1427\ln x + 2.8966$ | 0.7644 |
| III | $y = 0.0569\ln x + 3.8322$ | 0.4218 | VII | $y = 0.1075\ln x + 2.4902$ | 0.8074 |
| IV | $y = 0.0586\ln x + 3.0583$ | 0.5228 | VIII | $y = 0.0812\ln x + 2.9176$ | 0.5198 |

表5-4　8种林木凋落物吸水速率与浸水时间的回归方程

| 林分编号 | 地表凋落物 | | 土壤凋落物 | |
|---|---|---|---|---|
| | 方程 | $R^2$ | 方程 | $R^2$ |
| I | $y = 6.1522x^{-1.004}$ | 0.9994 | $y = 3.4335x^{-0.956}$ | 0.9998 |
| II | $y = 3.906x^{-1.007}$ | 0.9985 | $y = 2.777x^{-0.982}$ | 0.9993 |
| III | $y = 4.4868x^{-1.031}$ | 0.9987 | $y = 3.8252x^{-0.985}$ | 0.9997 |
| IV | $y = 4.57x^{-1.03}$ | 0.9987 | $y = 3.0503x^{-0.981}$ | 0.9997 |
| V | $y = 4.5748x^{-1.025}$ | 0.9990 | $y = 3.5511x^{-0.971}$ | 0.9995 |
| VI | $y = 3.9173x^{-0.992}$ | 0.9984 | $y = 2.8661x^{-0.951}$ | 0.9991 |
| VII | $y = 3.4411x^{-1.021}$ | 0.9981 | $y = 2.474x^{-0.957}$ | 0.9995 |
| VIII | $y = 4.7516x^{-1.021}$ | 0.9986 | $y = 2.9023x^{-0.972}$ | 0.9993 |

总体而言，林盘内8种典型乔木凋落物持水量随浸水时间的增加而呈现上升，凋落物持水量与浸泡时间的关系为正相关。地表凋落物层和混入土壤中凋落物层的吸水速率随时间变化均呈现相似性，吸水速率在凋落物浸水5min时达到峰值，随浸水时间增加而降低。

## 5.5 凋落物有效持水量、有效持水率、径流拦蓄量及其影响因子分析

由表5-5可知，除水杉外，8种林木地表凋落物的有效持水量、有效持水率和凋落物径流拦蓄量均高于其土壤中的凋落物。地表凋落物的有效持水量具体表现为慈竹＞构树＞银杏＞水杉＞雷竹＞枫杨＞黑壳楠＞香樟，其中慈竹、构树和银杏的有效持水量是其他乔木的1.02～1.45倍。水杉土壤中凋落物的有效持水量最高（3.27g），其次是雷竹（2.38g）和慈竹（2.29g）。此外，8种林木地表凋落物的有效持水率84.63%～86.72%之间波动，差异极小（标准差为0.65%），但土壤中的凋落物的有效持水率则在57.14%～81.74%之间波动，差异较大（标准差为7.83%）。

从凋落物径流拦蓄量来看，地表凋落物的径流拦蓄量占总量的84.04%，土壤中的凋落物仅占15.96%。归因于其凋落物积蓄量极大，枫杨的凋落物径流拦蓄总量（66.02t/hm²）最大，其次是慈竹（60.06t/hm²），这两种林木的凋落物径流拦蓄总量明显高于其他林木，能高效缓解地表径流的产生。黑壳楠的凋落物径流拦蓄总量（5.38t/hm²）明显低于其他林木，其抑制流产生的潜力最弱。凋落物四季径流拦蓄能力表现为夏季＞秋季＞冬季＞春季。在8种林木中，常绿和落叶林木的两类凋落物的有效持水量、持水率及年均凋落物径流拦蓄量均无显著性差异，但常绿林木的地表凋落物对径流的拦截作用在夏季尤为明显，而落叶林木的地表凋落物对径流的拦截作用则主要体现在秋冬季节。与地表凋落物相比，土壤中的凋落物的径流拦蓄量在四季分布则较为均衡。

皮尔森相关性分析显示，林地地表凋落物径流拦蓄量（相关系数$R^2$=0.984**）和土壤中的凋落物径流拦蓄量（相关系数$R^2$=0.840**）均与凋落物蓄积量呈极显著相关，地表凋落物径流拦蓄量还与有效持水率显著相关（相关系数$R^2$=0.720*），此外，土壤中的凋落物径流拦蓄量与凋落物最大持水量呈极显著相关（相关系数$R^2$=0.8740**）。二者均与自然持水率、林木平均高度、平均胸径、平均冠幅和平均密度等均无显著性关联。

表5-5　凋落物的有效持水量、有效持水率和径流拦蓄量

| 林分 | | 凋落物类型 | 有效持水量（g） | 有效持水量（g） | 有效持水率（%） | $WI$（t/hm²） |
|---|---|---|---|---|---|---|
| 常绿 | 慈竹 | 地表 | 4.15 | 3.47 | 84.79 | 46.62 |
| | | 土壤 | 6.68 | 2.29 | 69.56 | 13.44 |
| | 黑壳楠 | 地表 | 3.11 | 2.57 | 84.63 | 4.09 |
| | | 土壤 | 4.19 | 1.41 | 69.17 | 1.30 |

| 林分 | | 凋落物类型 | 有效持水量（g） | 有效持水量（g） | 有效持水率（%） | $WI$（t/hm²） |
|---|---|---|---|---|---|---|
| 常绿 | 香樟 | 地表 | 2.91 | 2.47 | 85.00 | 16.91 |
| | | 土壤 | 3.86 | 1.06 | 64.67 | 1.23 |
| | 雷竹 | 地表 | 3.35 | 2.85 | 85.00 | 10.53 |
| | | 土壤 | 5.09 | 2.38 | 76.37 | 8.43 |
| | 均值 | 地表 | 3.38a | 2.84bc | 84.86b | 19.54ab |
| | | 土壤 | 4.96b | 1.79ab | 69.94a | 6.10ab |
| 落叶 | 构树 | 地表 | 4.12 | 3.41 | 84.66 | 28.01 |
| | | 土壤 | 4.77 | 1.47 | 67.26 | 0.40 |
| | 枫杨 | 地表 | 3.31 | 2.81 | 86.72 | 59.46 |
| | | 土壤 | 4.86 | 1.01 | 58.08 | 6.56 |
| | 银杏 | 地表 | 4.08 | 3.40 | 84.75 | 16.51 |
| | | 土壤 | 4.9 | 0.98 | 57.14 | 2.11 |
| | 水杉 | 地表 | 3.43 | 2.84 | 84.67 | 10.49 |
| | | 土壤 | 4.87 | 3.27 | 81.74 | 3.07 |
| | 均值 | 地表 | 3.74a | 3.12 c | 85.20b | 28.62b |
| | | 土壤 | 4.85b | 1.68 a | 66.06a | 3.03a |

注：不同小写字母表示差异显著性的分析结果，字母相同的两组表明数据间的差异不显著（$P \geq 0.05$），字母不同则表明数据间的差异显著（$P < 0.05$）。

## 5.6 典型乔木凋落物混入土壤理化性质的影响分析

### 5.6.1 土壤密度分析

由表5-6可知，本次研究所选样地的0～10cm层的土壤密度为0.89～1.59g/cm³，11～20cm层则在0.79～1.47g/cm³范围内浮动。除水杉和雷竹样地外，其余林地的土壤层密度均表现为11～20cm大于0～10cm。一般情况下土壤的密度变化范围为0.9～1.7g/cm³。密度越大、土壤的通气性和透水性越差，通常表现为土壤板结。

样地中，各林地的0～10cm土壤层密度（单位：g/cm³）具体表现为水杉（1.59）>

银杏（1.23）＞构树（1.22）＞香樟（1.14）＞黑壳楠（1.11）＞雷竹（1.03）＞慈竹（0.98）＞枫杨（0.89）。即所选林地土壤的通气性和透水性均较好，枫杨的土壤密度明显低于其他落叶乔木，是由于枫杨的年凋落物量较大混入土壤所致。总体而言，落叶林木的土壤密度大于常绿林木。11～20cm土壤层各类林地11～20cm土壤层的密度大多数处于正常土壤的密度变化范围内，其中雷竹林的土壤密度较低，仅为0.79g/cm³。其余林木的土壤密度则表现为（单位：g/cm³）水杉（1.47）＞构树（1.4）＞香樟（1.27）＞黑壳楠（1.26）＞枫杨（1.13）＞慈竹（1.05）。总体来看，11～20cm土壤层密度与0～10cm相似，大体上呈现为落叶林地大于常绿林地。

表5-6　不同土壤层土壤容重

| 林分 | 林木类型 | 深度（cm） | 鲜重（g） | 干重（g） | 含水率（%） | 密度（g/cm³） |
|---|---|---|---|---|---|---|
| 慈竹 | 常绿 | 0～10 | 594.1 | 495.8 | 19.83 | 0.98 |
| | | 11～20 | 628.8 | 549.4 | 14.45 | 1.05 |
| 黑壳楠 | 常绿 | 0～10 | 670.5 | 527.9 | 27.01 | 1.11 |
| | | 11～20 | 759.3 | 637.6 | 19.01 | 1.26 |
| 构树 | 落叶 | 0～10 | 734.3 | 564.1 | 20.17 | 1.22 |
| | | 11～20 | 840.5 | 673.5 | 24.80 | 1.40 |
| 枫杨 | 落叶 | 0～10 | 532.9 | 423.8 | 25.74 | 0.89 |
| | | 11～20 | 678.2 | 620.1 | 9.37 | 1.13 |
| 银杏 | 落叶 | 0～10 | 742.7 | 574.2 | 29.35 | 1.23 |
| | | 11～20 | 844 | 690.7 | 22.19 | 1.40 |
| 水杉 | 落叶 | 0～10 | 957.6 | 762 | 25.67 | 1.59 |
| | | 11～20 | 881.8 | 693.7 | 27.12 | 1.47 |
| 香樟 | 常绿 | 0～10 | 687.9 | 536.8 | 28.15 | 1.14 |
| | | 11～20 | 765.6 | 600.1 | 27.58 | 1.27 |
| 雷竹 | 常绿 | 0～10 | 617.6 | 521.9 | 18.34 | 1.03 |
| | | 11～20 | 476.7 | 377.3 | 26.35 | 0.79 |

## 5.6.2　土壤孔隙度分析

土壤孔隙度是指土壤中孔隙的体积占土壤总体积的百分比。各类乔木样地土壤孔隙度与其根系吸收水分及呼吸密切相关。而对土壤颗粒进行区分能够更好地反映土壤性质及其结构的变化。根据各类林木样地的粒径质量占比，慈竹、黑壳楠、构树、香樟林样地的土壤均属于碎石土（粒径大于2mm的颗粒质量超过总质量的50%），其中香樟林样地的土壤粒径大于2mm的颗粒质量达到总质量的70.98%，其他3类林木样地的土壤粒径大于2mm的颗粒质量分别为58.58%、55.26%和58.26%（表5-7）。枫杨、银杏、水杉及雷竹林样地土壤均属于砂土中的砾砂（粒径＞2mm的颗粒质量占总质量的20%～50%），粒径＞2mm的颗粒质分别占总质量的28.26%、42.82%、49.52%和40.28%。总体来看，林盘内典型乔木样地土壤主要为碎石土和砾砂两种。

表5-7　样地土壤各粒径质量占比

| 样地类型 | 粒径占比（%） | | | | | |
|---|---|---|---|---|---|---|
| | ＞2mm | 2～1mm | 1～0.45mm | 0.45～0.2mm | 0.2～0.15mm | ＜0.15mm |
| 慈竹 | 58.58 | 12.94 | 12.02 | 5.94 | 1.20 | 8.62 |
| 黑壳楠 | 55.26 | 15.68 | 12.32 | 6.04 | 1.70 | 8.62 |
| 构树 | 58.26 | 15.84 | 12.90 | 6.24 | 0.92 | 4.20 |
| 枫杨 | 28.26 | 19.54 | 20.62 | 11.28 | 2.80 | 17.36 |
| 银杏 | 42.82 | 19.30 | 15.46 | 9.42 | 3.84 | 8.74 |
| 水杉 | 49.52 | 9.92 | 27.30 | 6.30 | 3.66 | 2.34 |
| 香樟 | 70.98 | 10.40 | 9.04 | 4.78 | 1.62 | 2.74 |
| 雷竹 | 40.28 | 18.02 | 17.88 | 10.32 | 1.90 | 11.54 |

### 5.6.3　凋落物混入土壤中对土壤化学性质的影响

凋落物混入土壤中能削弱土壤侵蚀，通常可分为生物化学（分解）和物理捆绑作用两部分。当凋落物落入土壤中，其物理捆绑作用大于生物化学作用，随时间的推移，植物组织开始分解。凋落物快速淋溶失重，被分解为土壤动物微生物容易取食分解的有机大分子，高温潮湿的情况下凋落物分解速度加快；分解后期以生物作用为主，土壤动物通过取食、排泄、挖掘等活动使有机残体破碎化，使之更有利于与土壤混合，为微生物进一步分解有机物质创造条件。总的来说，凋落物通过物理捆绑作用与生物化学作用一起影响土壤性质，它们各具特点，同时又紧密结合、相互促进。并且从长远来看，凋落物的生物化学作用更为重要。凋落物能够通过矿质化和腐殖化过程释放有机质进入土壤，进而改变土壤性质。因此枯枝落叶层可以作为森林生态系统养分储存库，是植物生长发育所需养分的重要来源，其分解速度及养分释放在很大程度上影响植物的生长状况及土壤的各种性状。林木枯枝落叶层的分解状况对土壤结构和理化性质均有不同程度的影响。

据研究，林木每年有60%～70%的有机物质以凋落物的形式归还土壤，经动物细碎化后，再由微生物分解再合成，转化为可供植物生长吸收利用的养分，同时适应土壤发育改善的需要，因而枯枝落叶层的分解是林地生态系统生物分解中最重要的部分。凋落物对土壤化学性质的影响，主要表现在土壤有机质、氮（N）、磷（P）等的含量以及酸碱性等方面。土壤有机质是存在于土壤中的含碳有机化合物，其含量是土壤化学性质的一个重要方面，也是衡量土壤肥力的重要指标之一。林地土壤中的有机质主要包括各种动植物残体，微生物体极其分解和合成的各种有机化合物，其来源十分广泛。其中植物残体包括各类植物的凋落物、死亡的植物体及根系，是自然状态下土壤有机质的主要来源，对林地土壤有机质含量影响巨大。因而凋落物的总量及分解速度在很大程度上决定了林地土壤中有机质的含量。土壤有机质的含量与土壤肥力水平密切相关，在一定含量范围内，有机质的含量与土壤肥力水平呈正相关。土壤有机质作为植物生长发育的重要来源之一，具有促进植物生长发育、改善土壤物理性质、提高土壤的保肥性与缓冲性等诸多重要作用。因此，通过研究分析不同类型凋落物分解对土壤有机质的影响机理，有助于更好地维护森林生态系统的健康与稳定。

氮、磷作为生物地球化学循环中的主要元素，是包括消落带在内的湿地生态系统重要的生产力限制因子，通过微生物驱动的同化、异化作用，使大气或者动植物中的氮进入土壤。随着凋落物的分解，氮的沉降增加，磷随之变成主要影响因素。磷是植物生长过程中组成或参与植物体内营养必需的元素。据Chimneym等人的研究报道，凋落物的分解速率与磷含量之间有一种不显著的正相关性。因此，在植物的生长发育过程中，氮元素和磷元素是不可或缺的。植物在自然条件下生长，其吸收的大部分氮和磷都是由凋落物分解转化而来的。此外，钾元素也是植物生长必需的三大元素之一，有营养和生理作用。钾能有效调节之物细胞的水势和气孔的开闭，决定植物的耐旱性，在植物水分竞争中起着重要作用；同时还可促进光合作用和光合作用产物的运输。

1. 凋落物对土壤碱解氮的影响

氮元素的缺乏会导致植物生长发育不良。同时，氮对土壤微生物群落结构及活性有重要影响，是衡量土壤肥力状况的重要指标。土壤中氮的含量越高，土壤中微生物活性越高，凋落物分解越快。在凋落物分解过程中，氮的积累可能是由于微生物造成的，分解过程中凋落物的下降是生物氮循环的结果，而与此同时微生物原生质氮含量升高会导致氮含量上升，微生物是引起凋落物中营养元素含量上升的主要原因。碱解氮或称水解性氮,是指用碱提取法所测得的土壤氮素,其包括无机态氮(铵态氮、硝态氮)及易水解的有机态氮(氨基酸、酰胺和易水解蛋白质)。碱解的高低对土壤自肥保肥能力及森林生态系统的养分平衡和能量循环具有重要作用。

对比春秋两季8种林木样地土壤中的碱解氮含量(图5-4),其呈现出较为一致的季节性变化,总体上表现为春季(136.79~298.92mg/kg,均值为208.17mg/kg)显著高于秋季(18.84~112.79mg/kg,均值为63mg/kg)。不同林木春秋两季土壤中的碱解氮含量对比表现为构树>黑壳楠>香樟>雷竹>枫杨>水杉>银杏>慈竹。总体而言,对比壤养分含量分级表可知,8种林地土壤中的碱解氮含量处于丰富水平。邓肯多重比较分析也显示出构树林与其他林地的碱解氮含量的差异显著性。此外,落叶林木土壤中的碱解氮含量(969.9mg/kg)略少于常绿林木(1199.53mg/kg)。邓肯多重比较分析表明,在春季,慈竹、黑壳楠、枫杨、香樟以及雷竹林的土壤中的碱解氮含量不存在明显差异($P \geqslant 0.05$),银杏林和水杉林土壤中的碱解氮含量不存在明显差异($P \geqslant 0.05$)。构树林土壤中的碱解氮量最高(298.92mg/kg),其他林木则呈现出黑壳楠>香樟>雷竹>慈竹>枫杨>银杏>水杉的趋势。邓肯多重比较分析得出,在春季,8种林地中,构树林的土壤中碱解氮的含量与水杉林和银杏林存在显著的差异。在秋季,对比壤养分含量分级表可知,除去慈竹林以外,其余7种林地土壤中的碱解氮含量均在中等水平之下,尤其是水杉林土壤中碱解氮的含量处于极度缺乏的水平(<30mg/kg)。8种林地土壤中的碱解氮含量均存在显著差异($P < 0.05$)。构树林土壤中的碱解氮含量季节性差异最大,春季是秋季的3.99倍,而其他林地春季土壤中的碱解氮含量是其秋季的1.9~3.4倍。推测是由于秋冬季节林地产生的凋落物混入土壤中并分解,导致春季土壤中碱解氮含量提升。

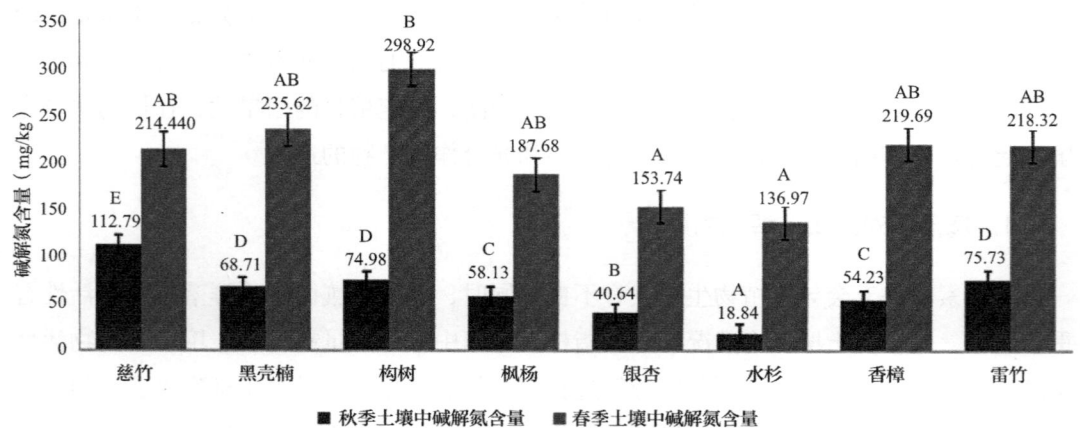

**图5-4 8种典型林地土壤中的碱解氮含量**
[注:相同字母表示组之间不存在显著差异性($P \geqslant 0.05$)]

### 2. 凋落物对土壤速效磷的影响

当土壤中缺磷时会使植物的根系生长受阻，影响其抗病性及种子发育。速效磷是土壤中可供植物自身吸收利用的磷。

如图5-5所示，在春季，8种林地土壤中的速效磷含量为香樟＞慈竹＞构树＞水杉＞黑壳楠＞雷竹＞枫杨＞银杏。其中，香樟样地土壤中速效磷的均值含量为183.45mg/kg，为其他乔木的1.09～2.22倍。邓肯多重比较分析得出，在春季，黑壳楠林、枫杨林和香樟林土壤中的速效磷含量差异性不显著（$P \geqslant 0.05$），构树林和银杏林土壤中的速效磷含量差异不显著（$P \geqslant 0.05$），水杉林和雷竹林土壤中的速效磷含量的差异也不显著（$P \geqslant 0.05$）。在秋季，8种林地土壤中速效的含量表现为水杉＞香樟＞黑壳楠＞雷竹＞枫杨＞银杏＞慈竹。邓肯多重比较分析显示，慈竹林土壤中速效磷含量显著低于其他林木（$P < 0.05$），黑壳楠林和水杉林土壤中速效磷含量无显著差异（$P \geqslant 0.05$），构树林和香樟林土壤中速效磷含量无显著差异（$P \geqslant 0.05$）；枫杨林、银杏林和雷竹林的土壤中速效磷含量也无显著差异（$P \geqslant 0.05$）。

总体而言，在春秋两季，8种林地土壤中速效磷含量差异较大，两季的速效磷总含量具体表现为慈竹＞香樟＞构树＞黑壳楠＞水杉＞银杏＞枫杨＞雷竹。常绿林地土壤中速效磷的含量（898.96mg/kg）略高于落叶林地（802.50mg/kg）。春季土壤中速效磷的含量虽然高于秋季土壤，但两个季度土壤中速效磷的含量变化趋势大致相同。其中，慈竹林土壤中速效磷含量的季节性差异最大，秋季含量是春季的9.4倍，其他林地秋季土壤中的速效磷含量是春季的1.03～2.27倍。依据土壤养分含量分级标准，8种林地春季土

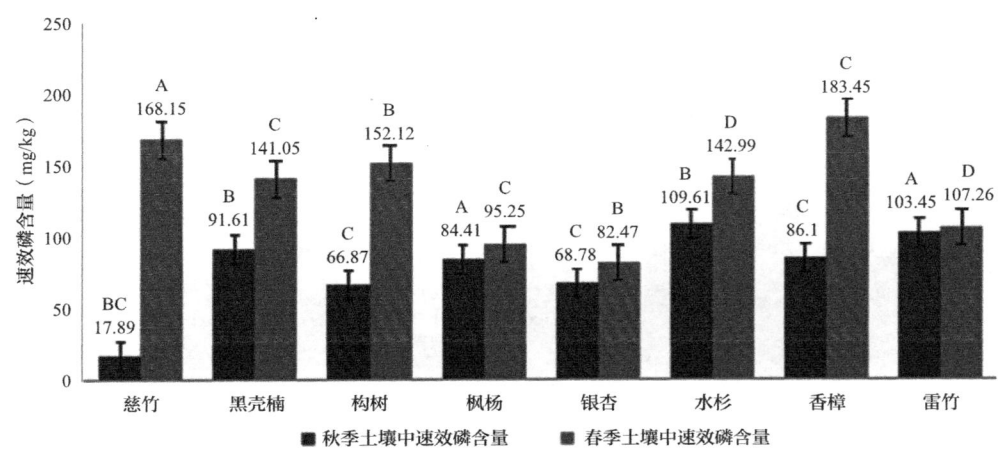

**图5-5　8种典型林地土壤中的速效磷含量**
［注：相同字母表示组之间不存在显著差异性（$P \geqslant 0.05$）］

壤中的速效磷含量远超过最高等级，达到很丰富等级的2.06～4.58倍；而秋季土壤中速效磷含量除了慈竹林外（17.89mg/kg，仅达到中等标准），其他林地均达到很丰富等级的1.67～2.74倍。由此可见，各类林地土壤中的速效磷含量非常丰富。

### 3. 凋落物对土壤速效钾的影响

钾元素作为植物所需的三大元素之一，对植物的生长、发育都有重要作用，能够促进植物的光合作用。同时，钾元素制造更多的养料，可以促进植物对氮、磷的吸收，有利于蛋白质的形成，维持植物根系的强壮生长。

在春季（图5-6），8种林地土壤中的速效钾含量表现为慈竹＞黑壳楠＞水杉＞香樟＞雷竹＞枫杨＞银杏＞构树。慈竹林土壤中的速效钾含量是其他林地含量的1.12～2.87倍。银杏林和构树林土壤中的速效磷含量差异极其显著（$P<0.05$），其余各类林木土壤中的速效钾含量差异性均不显著（$P\geqslant0.05$）。在秋季，8种林地土壤中的速效钾含量表现为：水杉＞香樟＞黑壳楠＞枫杨＞构树＞慈竹＞雷竹＞银杏。其中，水杉林土壤中速效磷的含量为402.69mg/kg，为其他乔木的1.41～5.63倍。各林地土壤中的速效钾含量呈现出显著性差异（$P<0.05$）。

春季两季数据对比可知，两季土壤中速效钾含量差异较大。构树林、枫杨林、水杉林以及雷竹林秋季土壤中速效钾的含量高于春季，差异程度表现为雷竹＞水杉＞构树＞枫杨，其中雷竹林两季土壤中的速效钾含量差异最大，秋季为春季的2.16倍，其他林地则在1.62～1.89倍之间。而慈竹林、黑壳楠林、银杏林和香樟林土壤中的速效钾含量表现为春季略大于秋季，其中慈竹林两季土壤中速效钾含量差异最大，春季是秋季含量的

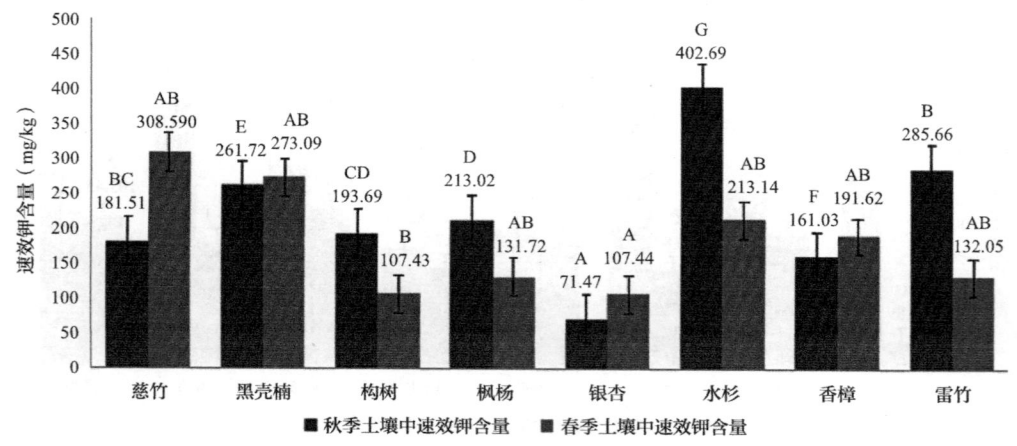

**图5-6　8种典型林地土壤中的速效钾含量**
［注：相同大写字母表示不存在差异性（$P\geqslant0.05$）］

1.70倍，其他依次是银杏（1.50倍）、香樟（1.19倍）、黑壳楠（1.04倍）。常绿林地土壤中速效钾含量（1795.27mg/kg）略高于落叶林地（1440.60mg/kg）。

与全国第二次土壤普查分级标准对比后发现，在秋季，除银杏林土壤中的速效钾含量属于较为缺乏（71.47mg/kg）水平外，其余7种林地土壤中的速效钾含量均达到或超过丰富水平。在春季，除慈竹林和黑壳楠林土壤中的速效钾含量达到丰富水平，以及香樟林达到丰富水平之外，其余5种林地均只达到中等水平。这有可能是川西春季降水丰富，黏土矿物对钾的固定弱，钾元素随水流失所致。

### 5.6.4　凋落物影响土壤化学性质的关键因素分析

图5-7显示了各林地土壤中的碱解氮含量、地表凋落物含量和土壤中凋落物含量的季节变化情况。表5-8中的相关性分析结果显示，在春季，土壤中凋落物的蓄积量和地上地下凋落物的总蓄积量均与土壤中碱解氮之间呈现出显著的负相关关系（$R = -0.785$，$P <$ 0.05），即土壤中的凋落物含量越少，土壤中的碱解氮含量越高。在秋季，土壤中凋落物的蓄积量与土壤中碱解氮的含量之间则不存在相关关系（$R = -0.723$）。此外，在春秋两季，地表凋落物的含量与土壤中碱解氮的含量之间无相关性。因此，土壤中碱解氮的含量主要受到土壤中凋落物含量的影响。推测是因土壤中的凋落物被微生物分解越多，土壤中凋落物的含量就越低，土壤中的氨解氮含量越高。同时土壤中的高氮含量又会促进微生物的分解速度，进一步加速土壤中凋落物分解。

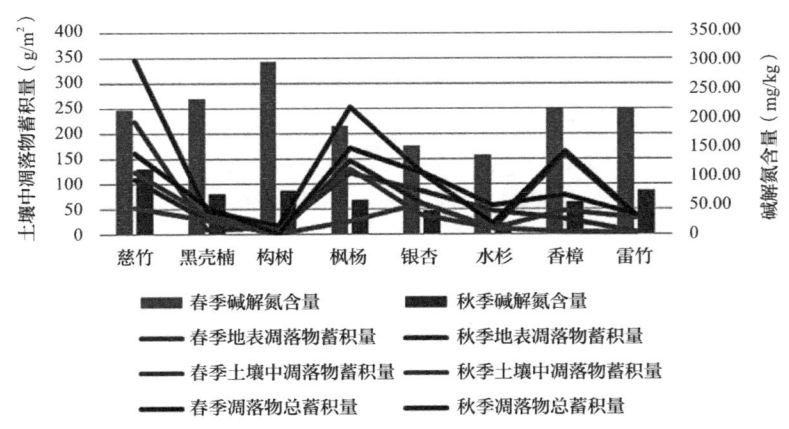

图5-7　地表凋落物蓄积量、土壤中凋落物蓄积量和凋落物总蓄积量和碱解
　　　　氮含量的季节性变化规律

表5-8　地表凋落物储量、土壤中凋落物蓄积量、凋落物总蓄积量与土壤中碱解氮相关性

| 参数 | 春季土壤中碱解氮含量 | | 秋季土壤中碱解氮含量 | |
|---|---|---|---|---|
| | R值 | P值 | R值 | P值 |
| 春季地表凋落物储量 | 0.022 | 0.959 | −0.785* | 0.021 |
| 春季土壤中凋落物储量 | −0.075 | 0.861 | −0.543 | 0.165 |
| 春季凋落物总蓄积量 | −0.015 | 0.972 | −0.723* | 0.043 |
| 秋季地表凋落物储量 | 0.139 | 0.742 | −0.293 | 0.481 |
| 秋季土壤中凋落物储量 | −0.326 | 0.430 | −0.326 | 0.430 |
| 秋季凋落物总蓄积量 | 0.017 | 0.968 | −0.614 | 0.105 |

　　图5-8显示各林地土壤中的速效磷含量、地表凋落物蓄积量、土壤中凋落物蓄积量和凋落物总蓄积量的季节变化情况。表5-9显示，秋季土壤中的速效磷含量与春季地表凋落物的蓄积量和凋落物总量均呈现显著负相关（$R = -0.787$），而与秋季地表凋落物蓄积量无关（$R = -0.293$）。此外，土壤中速效磷含量与春秋两季土壤中凋落物的蓄积量均无显著性相关。推测在土壤微生物的作用下，凋落物中磷元素的分解有季节滞后性。

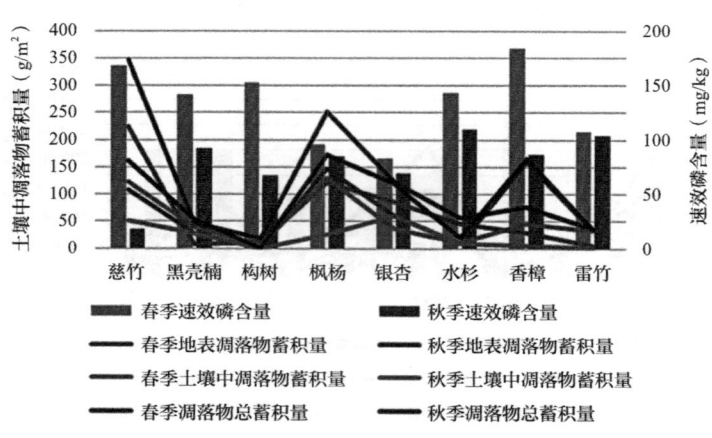

图5-8　地表凋落物蓄积量、土壤中凋落物蓄积量、凋落物总蓄积量
和土壤中速效磷含量的季节性变化规律

表5-9　地表凋落物储量、土壤中凋落物蓄积量、凋落物总蓄积量与土壤中速效磷相关性

| | 春季土壤中速效磷含量 | | 秋季土壤中速效磷含量 | |
|---|---|---|---|---|
| | R值 | P值 | R值 | P值 |
| 春季地表凋落物储量 | 0.024 | 0.509 | −0.787* | 0.020 |
| 春季土壤中凋落物储量 | −0.075 | 0.861 | −0.543 | 0.165 |
| 春季凋落物总蓄积量 | −0.015 | 0.972 | −0.723* | 0.043 |
| 秋季地表凋落物储量 | 0.139 | 0.742 | −0.293 | 0.481 |
| 秋季土壤中凋落物储量 | −0.326 | 0.430 | −0.614 | 0.105 |
| 秋季凋落物总蓄积量 | −0.314 | 0.448 | −0.360 | 0.380 |

　　图5-9显示在春秋两季，各林地土壤中的速效钾含量、地表凋落物蓄积量、土壤中凋落物蓄积量和凋落物总蓄积量的季节变化情况，并未发现明确的同步规律。皮尔森相关性分析（表5-10）也表明，林地土壤中的速效钾含量与春秋两季地表凋落物储量、土壤中凋落物蓄积和地上地下凋落物总蓄积量均不存在关联。

　　从林地类型来看，水杉的凋落物最能有效提升土壤中的氮、磷、钾总含量，尤其对土壤中速效磷含量的提升效果最好，其次是黑壳楠和慈竹的凋落物。相反的，银杏林的凋落物对于改善林盘土壤肥力的效果最差（图5-10）。

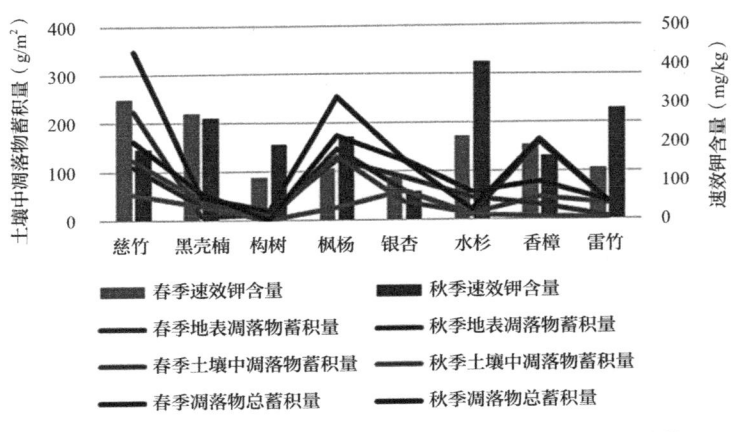

图5-9　地表凋落物蓄积量、土壤中凋落物蓄积量、凋落物总蓄积量和土壤中速效钾含量季节性变化规律

表5-10　地表凋落物储量、土壤中凋落物蓄积量、凋落物总蓄积量与土壤中速效钾相关性

| | 春季土壤中速效钾含量 | | 秋季土壤中速效钾含量 | |
|---|---|---|---|---|
| | $R$值 | $P$值 | $R$值 | $P$值 |
| 春季地表凋落物储量 | 0.403 | 0.322 | −0.308 | 0.458 |
| 春季土壤中凋落物储量 | 0.313 | 0.450 | −0.275 | 0.511 |
| 春季凋落物总蓄积量 | 0.385 | 0.347 | −0.308 | 0.458 |
| 秋季地表凋落物储量 | 0.119 | 0.779 | −0.446 | 0.267 |
| 秋季土壤中凋落物储量 | 0.265 | 0.525 | −0.542 | 0.165 |
| 秋季凋落物总蓄积量 | 0.189 | 0.653 | −0.566 | 0.144 |

　　总体而言，土壤微生物生物量是土壤中的活性养分库，直接参与土壤碳氮磷硫等元素的形态转化与生物地球化学循环过程，是反映土壤肥力与质量的重要生物指标。一般来说，较高的氮、磷含量，较低的木质素含量被作为凋落物高质量的标志。一些研究提出凋落物中的氮、磷含量和凋落物分解速率呈现正相关关系。凋落物的分解速率越快，土壤中的氮、磷的含量就越高。本书通过研究，也印证了林盘中林木的凋落物能够明显提升土壤中的氮、磷含量，但与土壤中钾元素的含量无明显相关性。造成这种现象的原因，一方面与土壤中分解凋落物的微生物种群及其分解速度有关；另一方面与不同林木凋落物降解速度有关。不同的分解速度决定了养分元素在凋落物层的积累时间和积累程度，研究凋落物类型及其储量对维持和改善林盘土壤肥力有重要意义。总之，在川西林盘的修复过程中，如果以改善林盘土壤肥力为前提，最建议推广种植的树种应该是水杉、黑壳楠和慈竹，最不建议的树种是银杏。

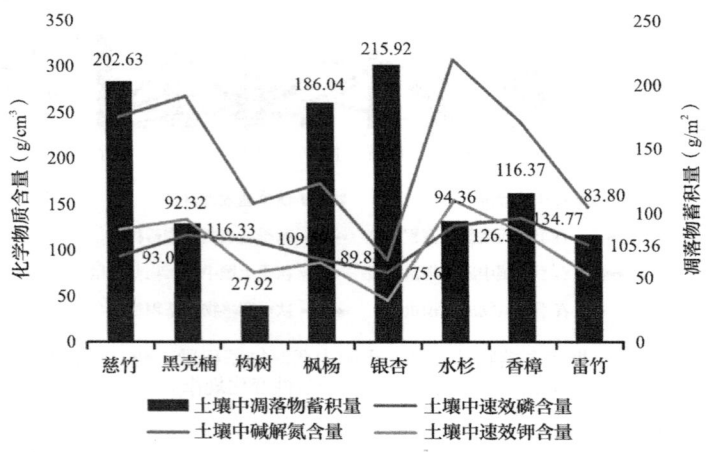

图5-10　8种林地土壤中的氮、磷、钾含量和凋落物蓄积量的变化规律

## 第6章

# 传统林盘的生态价值对美丽乡村建设的启示

通过第2、3章对林盘内部及其周边区域微气候辐射的影响分析，可知林盘不仅能调适其内部空间的微气候，还可对其周围邻近区域产生微气候的辐射改善作用，在成都平原上塑造出了不同于大环境的、更加宜人的微气候，对成都平原生态系统的良性循环产生了诸多积极的影响。研究成果可为成都平原的新农村规划设计提供一定启示与借鉴。

## 6.1　在营造舒适微气候方面的设计启示

成都地区在我国建筑热工分区中属于夏热冬冷地区，夏季闷热、冬季寒冷，而且静风天气频发。林盘对周边微气候产生的辐射影响，在一定程度上是对林盘内部和外部环境的改善，为人们创造尺度更为广阔的舒适宜人的户外活动空间。从前面的研究中我们发现，林盘在夏冬两季对周边环境的影响程度最大。因此，本章将从夏冬两方面着重讨论林盘对周边环境带来的影响。

### 6.1.1　夏季遮阴降温、通风减湿

光照强度通常被认为是影响户外温度的关键因子，王纪来等认为绿地中光照强度越大，内部的温度就越高；光照越小，内部的温度则越低。夏季是一年中光照最强的季节，也是植物生长最快、新陈代谢最旺盛的季节。林盘中常绿植物占有大部分面积，虽然如此，常绿植物在夏季仍然属于生长高峰时期，高度和叶面积指数都是一年中的最高峰。此外，夏季林盘中植物群落结构丰富，乔灌层等长势茂密，能有效屏蔽光照和紫外线辐射，大大降低了太阳辐射带来的升温，对林盘内部起到了显著的遮阴作用，提供了凉爽舒适的活动环境。

就林盘聚落边缘的植物设计而言，在林盘的西部边缘则需要配置乔灌草结合的植物群落，用于缓解夏季太阳西晒，以及在冬季阻挡少量的西北风，主干乔木推荐选用一些常绿乔木，灌木可以多选用一些开花灌木和果树搭配种植。在建筑的东南和西南方向，适当种植一些乔木和花草，推荐使用一些落叶乔木，如银杏、水杉、枫杨等，不需要做成厚实的防风林，这些乔木夏季可以对建筑有一定的遮阴效果，缓解夏日暴晒，冬季落叶后，还能改善室内的光照条件。林盘聚落内部的植物则尽量采取零散型布局，在各个区域均能有效发挥对微气候的改善作用。可以有部分区域设置乔灌草搭配的模式，但建议规模不要太大，宜多采用落叶乔木，既能让聚落内部在夏季获得均匀遮阴，在冬季则

让聚落内部获得充分且均衡的光照，又使一年四季有了不同的景色，丰富了聚落的内部景观。另外，在建筑门前屋后，多采用一些草本花卉、开花乔灌木和果树等，美化环境，提升了聚居区环境的品质。

从林盘对周边相邻区域的微气候辐射影响研究中发现，林盘的降温遮阴作用并不局限于其内部空间，它对周边5m内的相邻区域也产生了一定的降温和遮阴作用，削弱了该区域内的光照强度，导致温度随之下降。同时由于林盘内部及其相邻周边与周边农田区域产生了温差，促发其交界处形成低速风，加快林盘周边的空气流动，在一定程度上降低了夏季湿度。这是林盘内部舒适微气候的有力延展。总体而言，在夏季，林盘缓解了成都平原高温高湿的气候压力，为居住在林盘中的人们提供了更为舒适的户外空间。

## 6.1.2 冬季的防风、保温和增湿

川西地区冬季阴雨天气频繁，整体光照较差，温度较低。在第二章的研究中，我们发现由于成都冬季日照较小，因此影响林盘冬季微气候的主要因素不再是日照强度，而是风速。冬季的成都平原虽然平均风速极低（0.9m/s），但川西林盘所处区域地势平坦，无山丘阻挡风速。因此，成都平原冬季风速的调控多依靠林盘中以乔木为优势种的植物群落和内部的1~2层的建筑。

就林盘聚落边缘的植物设计而言，应结合本地冬季来风特点在东偏北的方向设置防风林，防风林应以乔灌草结合的形式来搭配种植，其中主干乔木宜选用一些常绿乔木，如天竺桂、桉树等；灌木则宜采用一些质地紧密，高度在1m以上的常绿灌木，且灌木应种植在主干乔木的东偏北方向上，这样灌木可以弥补乔木的主干部分防风力不强的缺陷。在北边则可以采用一些枝下高较高的常绿乔木，如香樟、桉树等，冬季可以在灌木的配合下起到防风作用，而夏季又不会阻挡外部的风进入居住区内部，促进空气流动，缓解闷热。

此外在冬季，林盘周边5m范围内，同样受到林盘防风增湿的辐射影响，为干燥寒冷的冬季提供更广阔的舒适活动空间。这是由于林盘中的常绿乔木，如香樟、桂花和刚竹、慈竹等，虽阻挠了林盘内部的光照，但也有效的阻碍了冬季冷风的穿透，有效地降低了林盘周边区域5m内的空气流速，间接减缓了冬季温度的下降趋势，与周围农田区域相比反而温度更高一些。因此，在未来的林盘修复设计过程中，如若想要营造更加舒适的冬季微气候，可将林盘边缘除东偏北方向外的常绿乔木替换成以落叶乔木为主、常绿灌木为辅的植物群落，在不减弱林盘防风作用的同时，有效提升林盘内外光照。

研究得知林盘对周边环境微气候的影响范围主要集中在5m和10m内，只有极少数

影响超过10m，达到20m。因此，可以在林盘周边10m辐射范围内增加一定的硬质空间，如集散广场、晒坝、外庭院等。不仅扩展了户外活动空间，也带给人们极端气候下更加舒适的户外体验。同时，在成都平原的乡村聚落布局上，建议聚落与聚落的间隔不要超过20m，紧密的布局模式可以充分利用林盘自身的微气候调适效益，为美丽乡村的节能减排创造效益。此外，本书的研究发现林盘的尺寸与其对周边区域的降温增湿效益不存在相关性。因此，在新农村建设过程中，应该提倡以密集的中小型林盘斑块替代大型乡村聚居区建设，充分发挥林盘天然的生态效益。

## 6.2 在成都平原乡村的水土保持和土壤肥力恢复方面的设计启示

　　川西成都平原地区处于亚热带季风气候，四季分明，雨热同期，同时其地区植被的覆盖率也影响着当地的水资源分布及存储状况。从成都平原地区地表及其降水特征来看，其水资源时空分布不均。成都平原每年6～7月的降雨量高达全年的3/4，水资源时间分配严重不均衡，水资源大多数源自于都江堰自流灌溉和地下水资源，受地势及降雨影响，降雨量呈现东南多、西北少，东部低山丘陵地区时常干旱，必须寻求能兼具保持水土、净化空气以及优化川西地区水资源分布与储存的绿化策略。建议在成都平原地区可多种植拦蓄能力好的乔木，提升本地的雨水截留与存储能力。

　　因此，本书在对其典型林木冠层的雨水再分配、四季凋落物蓄积量、持水能力和拦蓄能力的有关数据与分析研究基础上，明晰了川西林盘常见树种的树干茎流量、透落雨量和冠层截留量存在季节性的显著差异，并对常见树种冠层的持水能力进行了排序。结果显示，常绿树种的冠层雨水截留能力大于落叶树种，但水杉林在春夏秋3季都表现出最高的冠层截留率，在冬季，冠层截留能力最强的则是天竺桂，枫杨在四季的冠层截留率均为最低。从凋落物的持水能力来看，常绿和落叶林木的两类凋落物的有效持水量、持水率及年均凋落物径流拦蓄量均无显著性差异，但常绿林木的地表凋落物对径流的拦截作用在夏季尤为显著，而落叶林木的地表凋落物对径流的拦截作用则主要体现在秋冬季节。常见林盘树种中，慈竹凋落物的自然持水能力最强，其凋落物径流拦蓄总量显著高于其他林木，能高效缓解地表径流的产生，是值得推广的树种。

　　另外，通过对常见乔木凋落物对土壤理化性质的影响研究，得知水杉的凋落物最能有效提升土壤中的氮、磷、钾总含量，尤其对土壤中速效磷含量的提升效果最好，其次是慈竹和黑壳楠，而银杏的凋落物对于改善林盘土壤肥力的效果最差。

因此，综合考虑常见林盘树种及其凋落物的水土保持和土壤肥力恢复能力，充分发挥植物冠层对雨水的吸收作用，减少后期管护工作强度，在林盘修复和新农村建设过程中，建议选择水杉、天竺桂和慈竹作为优势树种，构建节水保肥的乡村风景林地。

## 参考文献

[1] 陈明坤. 人居环境科学视域下的川西林盘聚落保护与发展研究[D]. 北京：清华大学，2013.

[2] 毛林强，沈一. 城市化进程中川西林盘的开发与保护[J]. 湖南农业科学，2013（13）：99-101.

[3] 成都市城镇规划设计研究院. 成都市川西林盘保护利用规划[M]. 2014.

[4] 樊砚之. 川西林盘环境景观保护性规划设计研究[D]. 雅安：四川农业大学，2009.

[5] 孙大江，陈其兵，胡庭兴，等. 川西林盘群落类型及其多样性[J]. 四川农业大学学报，2011，29（1）：22-28.

[6] 罗奕爽，李宇奇，彭培好，等. 城市化影响下川西林盘植物群落特征及发展[J]. 四川师范大学学报（自然科学版），2017，40（6）：824-830.

[7] 刘勤，王玉宽，郭滢蔓，等. 林盘的形态特征和植物种类构成与分布[J]. 生态学报，2018，38（10）：3553-3561.

[8] 郭滢蔓，徐佩，刘勤，等. 成都平原林盘的空间分布特征——以郫县为例[J]. 西南师范大学学报：自然科学版，2017，42（5）：121-126.

[9] 李鑫，吴潇，段娅楠，等. 2009—2019年川西林盘格局变化及驱动力研究——以成都崇州市为例[J]. 小城镇建设，2021，39（5）：96-103.

[10] 周媛，陈娟，川西林盘景观格局变化及驱动力分析[J]. 四川农业大学学报，2017，35（2）：241-250，255.

[11] 方志戎，李先逵. 川西林盘文化的历史成因[J]. 成都大学学报（社会科学版），2011（5）：45-49.

[12] 文志远，黄浩原. 川西林盘景观形态与林盘文化的关联研究[J]. 旅游纵览，2021（2）：70-72.

[13] 徐萌. 川西林盘社会变迁中的乡土记忆与启示[J]. 四川建筑，2016，36（4）：53-55.

[14] 黄学渊，周莲，赵春梅，等. "四川郫都林盘农耕文化系统"林盘分布特征及可达性分析[J]. 四川旅游学院学报，2022（1）：60-65.

[15] 冯琳，牟江. 基于AHP法的林盘文化价值评价及应用研究[J]. 四川建筑科学研究，2015，41（03）：157-160.

[16] 付怡，杨勉. 声音景观在川西林盘中田园意境现状研究[J]. 绿色科技，2017（21）：10-11.

[17] 王玮，万萱. 川西平原地区农村景观色彩意象研究[J]. 四川建筑科学研究，2015，41（2）：238-240.

[18] 杨晓艺. 川西林盘的衰败原因与保护建议[J]. 人民论坛中旬刊，2011（6）：166-167.

[19] 李帆萍，蒋蓉，刘亚舟. 基于游憩空间理论的林盘景观规划设计研究——以成都道明竹艺村为

例[J]. 城市建筑，2021，18（06）：159-162.

[20] 王璐. 基于灾后重建背景下川西林盘的保护与发展策略研究[D]. 桂林：桂林理工大学，2018.

[21] 董文英. 川西林盘节能经验与启示[J]. 家具与室内装饰，2015，01：23-25.

[22] 万会兰，周媛，刘蕊，等. 川西林盘生态微气候数值模拟分析[J]. 城市建筑，2013（20）：290.

[23] ZONG H, PU DH, LIU ML. Seasonal variation and characterization of the micrometeorology in Linpan settlements in the Chengdu plain, China: microclimatic effects of Linpan size and tree distribution [J]. Advances in Meteorology, 2019: 1-13.

[24] ZONG H, XIONG W, LIU ML, et al. Seasonal microclimate effect of Linpan settlements on the surrounding area in Chengdu Plain[J]. Theoretical and Applied Climatology, 2020, 141 (3): 1559-1572.

[25] 陈其兵. 川西林盘景观资源保护与发展模式研究[M]. 北京：中国林业出版社，2011.

[26] 方志戎. 川西林盘聚落文化研究[M]. 南京：东南大学出版社，2013.

[27] 舒波. 成都平原的农业景观研究[D]. 成都：西南交通大学，2011.

[28] ZONG H, DEHUA P. Effects of Linpan size and tree distribution on winter microclimate of the Linpan settlements in Chengdu plain [J]. Landscape Research Record, 2017 (6): 143-156.

[29] LAURA T J. Planning for Resilience: Aproposed landscape evaluation for redevelopment planning in the Linpan landscape [D]. Washington: University of Washington, 2014.

[30] 成都市规划和自然资源局. 成都市川西林盘保护修复利用规划（2018—2035）[M]. 2018.

[31] 赵雨虹，范少辉，夏晨. 亚热带4种常绿阔叶林分枯落物储量及持水功能研究[J]. 南京林业大学学报（自然科学版），2015，39（6）：93-98.

[32] 孟庆权，葛露，杨馨邈. 滨海沙地不同人工林凋落物现存量及其持水特性[J]. 水土保持学报，2019，33（3）：146-152.

[33] 王六平，谭伟，王志杰，等. 在热岛和"冷岛"效应中温度对城市绿地的响[J]. 山地农业生物学报，2009，28（3）：225-229.

[34] 中国气象局. 中国气象局花粉过敏气象指数：QX/T 324-2016[S]. 北京：全国气象防灾减灾标准化技术委员会，2016.

[35] 栾庆祖，叶彩华，刘勇洪，等. 城市绿地对周边热环境影响遥感研究——以北京为例[J]. 生态环境学报，2014，23（2）：252-261.

[36] 张飞，陈云明，王耀凤，等. 黄土丘陵半干旱区柠条林对土壤物理性质及有机质的影响[J]. 水土保持研究，2010，17（3）：105-109.

[37] 曾亚兰，李绍才，孙海龙. 四川盆周山地5种典型林分土壤理化性质比较[J]. 南方农业，2021，15（4）：25-29.

[38] 刘俊廷. 晋西黄土区恢复年限对林下植被多样性及土壤理化性质的影响[D]. 北京：北京林业大

学，2020.

[39] 程永飞，武斌. 颗粒分析试验方法及存在的问题与解决方案[J]. 山西建筑，2015，41（23）：48-49.

[40] 李强，周道玮，陈笑莹. 地上枯落物的累积、分解及其在陆地生态系统中的作用[J]. 生态学报，2017，34（14）：3807-3819.

[41] 林波，刘庆，吴彦等. 川西亚高山针叶林凋落物对土壤理化性质的影响[J]. 应用与环境生物学报，2003，9（4）：346-351.

[42] 陈金林，吴春林，姜志林，等. 栎林生态系统凋落物分解及磷素释放规律[J]. 浙江林学院学报，2002，19（4）：367-373.

[43] 杨玉海，郑路，段永照. 干旱区人工防护林带不同林分凋落叶分解及养分释放[J]. 应用生态学报，2011，30（6）：1389-1394.

[44] 李姗泽，陈铭，王雨春，等. 近10年来三峡消落带土壤氮、磷时空分布特征研究[J]. 环境科学研究，2020，33（11）：2448-2457.

[45] 邓小华，杨丽丽，周米良，等. 湘西喀斯特区植烟土壤速效钾含量分布及影响因素[J]. 山地学报，2013，31（5）：519-526.

[46] 薛杨，陈毅青，刘宪钊，等. 海南东北部4种典型人工林土壤理化性质研究[J]. 生态科学，2014，33（6）：1142-1146.

[47] 赵艳云，程积民，万惠娥，等. 林地枯落物层水文特征研究进展[J]. 中国水土保持科学，2007，5（2）：130-134.

[48] 谢欢，杨笔锋，张怡. 成都市年降水量时空分布特征[J]. 成都信息工程学院学报，2022，37（3）：356-362.